AF359697

# COURS DE DESSIN

## ET

# NOTIONS DE GÉOMÉTRIE

A L'USAGE DES ÉCOLES PRIMAIRES ET DES CLASSES ÉLÉMENTAIRES
DES LYCÉES ET DES COLLÈGES

d'après les nouveaux programmes officiels

PAR

## A. BOUGUERET

AGRÉGÉ DE L'ENSEIGNEMENT SPÉCIAL, PROFESSEUR DE DESSIN AU LYCÉE SAINT-LOUIS ET A L'ÉCOLE MUNICIPALE SUPÉRIEURE J.-B. SAY

---

## PARIS

## LIBRAIRIE HACHETTE ET Cᴵᴱ

79, BOULEVARD SAINT-GERMAIN, 79

1880

# PROGRAMME OFFICIEL

## DESSIN

(Le même programme s'appliquera à l'enseignement dans les trois classes élémentaires avec des exemples gradués et des applications de plus en plus difficiles).

§ 1. — Tracé et division de lignes droites en parties égales. — Évaluation des rapports des lignes droites entre elles.

§ 2. — Reproduction et évaluation des angles.

§ 3. — Principes élémentaires du dessin d'ornement. — Circonférences. — Polygones réguliers. — Rosaces étoilées.

§ 4. — Courbes régulières autres que la circonférence. — Courbes elliptiques, spirales. — Courbes empruntées au règne végétal. — Tiges, feuilles, fleurs.

§ 5. — Premières notions sur la représentation des objets dans leurs dimensions vraies (éléments du dessin géométral) et sur la représentation de ces objets dans leur apparence (éléments de la perspective).

Ces différentes études donneront lieu à des exercices variés.

## GÉOMÉTRIE

### Classe de neuvième.

Pas de géométrie.

### Classe de huitième.
(Une heure par semaine)

Tracé des figures les plus simples de la géométrie plane.

### Classe de septième.
(Une heure par semaine.)

Tracé de figures géométriques.— Notions sur les solides enseignées au moyen de modèles en relief.

# DIVISION DU COURS

### 1er TRIMESTRE
**Planches I à XII.**

Paragraphes 1 et II du programme officiel.

### 2e TRIMESTRE
**Planches XII à XXIV.**

Paragraphes III et IV du programme officiel.

### 3e TRIMESTRE
**Planches XXIV à XXXVI.**

Paragraphe V du programme officiel.

### 4e TRIMESTRE
**Planches XXXVI à XL.**

Représentation d'objets divers en perspective.

### COMPLÉMENT
**Planches XL à L.**

Solides en projection et développés. — Constructions géométriques. — Applications diverses.

# CONDITIONS & MODE DE PUBLICATION

A partir du mois d'octobre 1880, il paraîtra un numéro chaque semaine.

Chaque numéro est composé d'une planche de 0ᵐ 25 sur 0ᵐ 20 et de deux pages de texte.

L'ouvrage formera environ 50 numéros et renfermera le développement des cours de dessin et de géométrie pour les classes de neuvième, huitième et septième de l'enseignement secondaire et les cours élémentaire, moyen et supérieur de l'enseignement primaire.

**Prix du numéro : 0 fr. 15 cent.**

# MATÉRIEL & MÉTHODE



## DESSIN

(Deux heures par semaine.)

**Matériel.** — Les élèves doivent avoir simplement un cahier de fort papier blanc, format ordinaire ou oblong, cousu et non rayé, un crayon (le Faber ou le Gilbert nº 2 est bon) et un morceau de gomme élastique. L'emploi de tout autre instrument, tel que compas, règle, équerre, est absolument interdit.

Comme les élèves font tous le même exercice pendant le même temps, le professeur doit pouvoir disposer de plusieurs séries de modèles, une série par élève ou tout au moins pour deux ou trois élèves.

**Méthode.** — Dans la classe de neuvième l'enseignement du dessin a pour objet d'exercer l'œil et la main de l'enfant, en lui apprenant à distinguer et à tracer les figures géométriques les plus élémentaires.

I. — Pendant la première leçon d'une heure, le professeur construit des figures simples au tableau noir, avec ordre et symétrie, sans instrument, en donnant au fur et à mesure quelques explications. Les élèves le suivent *à main levée* et au crayon sur le *verso* du premier feuillet de leur cahier. Quand une ligne est mal faite, ils donnent un léger coup de gomme et ils recommencent.

Pour tracer les lignes un peu longues, il faut d'abord indiquer le point de départ et le point d'arrivée, procéder par segments de lignes bien nets, se faisant exactement suite les uns aux autres sans étranglement ni interruption, en allant de gauche à droite pour les horizontales et de haut en bas pour les verticales. Le cahier est placé en face de l'élève et doit rester immobile.

Quelques minutes avant la fin de la leçon, le professeur marque sur chaque cahier, à côté du nom de l'élève, une note qu'un élève transcrit en même temps sur un registre spécial.

Aucun modèle ne doit être employé dans cette leçon.

II. — Pendant la deuxième leçon d'une heure, les élèves mettent le dessin au net, d'abord au crayon, puis à la plume, à l'encre ordinaire, sur le *recto* en face du croquis et toujours *à main levée*.

Des modèles sont placés devant eux, autant que possible derrière de petits grillages fermés, afin d'être à l'abri de tout calque ou accident quelconque.

Le professeur surveille le travail et donne des conseils individuels. A la fin de la séance, il marque une nouvelle note qui est transcrite sur le registre spécial dont il vient d'être question.

**Sanctions.** — Les notes de huitaine et de quinzaine en dessin sont égales à la moyenne des notes obtenues pour les croquis et la mise au net.

Les classements trimestriels sont faits d'après la moyenne de toutes les notes, et le classement définitif pour les prix résulte des précédents, qui ont tous la même valeur.

De cette manière, les élèves s'appliquent constamment, parce qu'ils savent que toutes les planches comptent au même titre pour les compositions et les récompenses. En outre, un bon élève, qui aura toujours bien travaillé, aura nécessairement le rang qu'il mérite; il ne sera pas exposé à le perdre par la mauvaise réussite d'une composition unique.

Ce mode de classement est employé dans les écoles municipales supérieures de Paris, dites écoles Turgot, où l'on dessine avec beaucoup de soin; il produit d'excellents résultats.



## GÉOMÉTRIE

(Une heure par semaine.)

Les cours de géométrie et de dessin doivent se compléter mutuellement. Dans le premier, on enseignera les définitions et les propriétés les plus élémentaires des figures de la géométrie, sans aucune démonstration; dans le second, on construira ces figures avec ordre et on les groupera de manière à obtenir des planches qui plaisent à l'œil.

I. — Pendant la première moitié de la leçon de géométrie, le professeur construit au tableau noir et étudie, au fur et à mesure quelques figures simples, sans se préoccuper de placer ces figures avec ordre, comme dans le dessin. Il énonce les définitions et les propriétés élémentaires, et fait répéter chacune d'elles par plusieurs élèves. Ceux-ci construisent les figures sur un cahier quelconque; mais ils n'écrivent pas à la dictée les définitions et les propriétés élémentaires qu'ils doivent retenir de mémoire pour en faire l'objet d'un devoir très court sur copie.

II. — Pendant la deuxième moitié de la leçon de géométrie, le professeur fait passer au tableau quelques élèves qu'il interroge sur les leçons précédentes.

Dans la classe de huitième, on suivra l'ordre des quatre livres de géométrie plane en prenant les constructions les plus simples; on terminera par les règles pour le calcul de la surface de quelques figures, avec des problèmes numériques à l'appui.

## DESSIN

(Deux heures par semaine.)

**Matériel.** — Les élèves possèdent le matériel des classes précédentes, plus un double-décimètre, un rapporteur et une règle carrée.

**Méthode.** — Les élèves exécutent les croquis à *main levée*, sur le verso de chaque feuillet, et ils mettent au net sur le recto situé en face, à la règle, d'abord au crayon, puis à l'encre ordinaire.

---

## CLASSE DE SEPTIÈME

### ET COURS SUPÉRIEUR DES ÉCOLES PRIMAIRES

## GÉOMÉTRIE

(Une heure par semaine.)

Il y aura d'abord une revision des figures de la géométrie plane, puis une étude élémentaire des figures de la géométrie dans l'espace à l'aide de solides en bois ou en carton que l'on fera examiner par les élèves. On pourra même faire construire quelques-uns de ces solides en carton ou en fort papier après on avoir fait le développement.

On terminera le cours par la mesure des volumes simples, avec problèmes numériques à l'appui.

## DESSIN

(Deux heures par semaine.)

**Matériel.** — Les élèves ont le matériel des classes précédentes, plus une boîte de compas, une règle plate, une équerre, un bâton d'encre de Chine, un godet, deux ou trois petites plumes à dessin et du papier fort pour la mise au net.

Le professeur dispose de quelques instruments en bois de grandes dimensions, tels que rapporteur et équerre à jour, c'est-à-dire évidés, compas, té et mètre plat gradué. Le plus souvent, il ne fait qu'indiquer l'emploi de ces instruments et ne s'en sert pas lui-même, car il doit donner aux élèves l'exemple du dessin à *main levée*.

**Méthode.** — Les élèves exécutent les croquis à *main levée* sur un cahier spécial, en suivant l'ordre naturel des pages ; ils mettent les dessins au net, d'abord au crayon à l'aide d'instrument, puis à l'encre de Chine sur de petites feuilles de papier à dessin. Le format le plus convenable pour les feuilles est le 1/8 grand aigle (cadre de $0^m25$ sur $0^m20$, avec 2 centimètres de marge sur les quatre côtés).

Le professeur cote toutes les planches mises au net ; il les fait ramasser et enfermer dans une armoire pour constituer, à la fin de l'année, le portefeuille de chaque élève.

---

*N. B.* — Dans le matériel de la classe de huitième, nous avons introduit le double-décimètre et le rapporteur, et dans celui de la classe de septième, le tire-ligne et le compas, bien que des personnes autorisées pensent que ces instruments ne doivent pas être donnés à de jeunes enfants.

Les professeurs qui ne partageraient pas notre manière de voir pourront néanmoins faire usage de notre album de planches ; ils n'auront qu'à recommander exclusivement les tracés à main levée.

Paris. — Imprimerie E. Capiomont et V. Renault, rue des Poitevins, 6.

# PLANCHE I



## DESSIN

**Croquis.** — Disposer le cahier comme il a été dit plus haut ; indiquer les quatre coins du cadre par des points situés à deux centimètres environ des bords de la feuille ; tracer le cadre en commençant par les grands côtés ; diviser, à vue, les quatre côtés, d'abord en deux, puis en quatre parties égales ; former seize casiers égaux ; tracer les *traits pleins*, les traits en *pointillé ordinaire*, les traits en *points ronds* et les traits en *pointillé mixte*, en commençant, dans chaque casier, par le trait du milieu.

Les pointillés exigeront beaucoup de soin.

Pour tracer toutes ces lignes, il faut éviter d'appuyer sur le crayon, qui doit toujours être taillé en pointe fine et allongée.

Nous avons dit que le professeur devait exécuter tous les croquis au tableau assez lentement pour être suivi par tous les élèves.

**Mise au net.** — Des modèles seront placés dans la salle de dessin, à raison d'un modèle pour un ou deux élèves. Ceux-ci feront la mise au net de la planche I dans le même ordre que le croquis, d'abord au crayon, puis à la plume. Ils feront ensuite un nettoyage général en frottant légèrement avec la gomme élastique ordinaire. La propreté est la première qualité d'un dessin. La gomme grise, dite gomme à encre, doit être prohibée parce qu'elle détériore les traits.

--------

### CLASSE DE HUITIÈME

## GÉOMÉTRIE

**Leçon.** — La géométrie est une science qui apprend à connaître les *lignes*, les *surfaces* et les *volumes* ; c'est donc la base du dessin, qui a précisément pour but de représenter des lignes, des surfaces et des volumes.

Une *ligne* n'a qu'une dimension, la longueur, sans largeur ni épaisseur. Exemple, un fil très fin, les arêtes d'une règle, d'un meuble, etc. On est cependant obligé de donner une petite largeur aux lignes en les représentant, sans quoi, elles ne seraient pas visibles.



Les extrémités d'une ligne s'appellent *points*. La rencontre de deux lignes s'appelle *point d'intersection*. Le point n'a aucune dimension. On distingue la *ligne droite*, qui est le plus court chemin d'un point à un autre, comme un fil tendu ; la *ligne brisée*, qui est formée de plusieurs *lignes droites*, comme un mètre pliant ; et la *ligne courbe*, qui n'est ni droite ni brisée, comme le contour d'une roue de voiture. Toutefois, en divisant une ligne courbe en un grand nombre de parties, on pourrait considérer ces parties comme des portions de lignes droites.

Au point de vue de la direction, il y a la *ligne horizontale*, qui suit le niveau de l'eau tranquille ; la *ligne verticale*, qui suit la direction du fil à plomb, employé par tous les ouvriers ; et la *ligne oblique*, qui est plus ou moins inclinée.

Si l'on trace plusieurs lignes sur un tableau, elles peuvent tendre à se rencontrer, c'est-à-dire être *concourantes*, comme les deux branches de la lettre V, ou ne jamais se rencontrer, à quelque distance qu'on les prolonge, c'est-à-dire être *parallèles*, comme les rails d'un chemin de fer. Des parallèles peuvent êtres droites ou courbes.

Dans le dessin, on emploie généralement des *traits pleins et continus* pour représenter les contours et toutes les lignes visibles des figures ; des *traits pointillés*, formés de points allongés, pour les lignes de construction ; des *traits pointillés*, formés de points ronds, pour les arêtes cachées et invisibles des figures ; et des *traits mixtes*, formés alternativement de points allongés et de points ronds, pour des lignes importantes de construction, telles que directrices, lignes de symétrie, etc.

Toutes ces différentes lignes, à l'exception de la ligne courbe, se trouvent représentées dans la planche I : AB est une horizontale ; CD, une verticale ; EFG, une ligne brisée, formée de deux obliques ; les horizontales et les verticales, situées dans les casiers de gauche, sont respectivement parallèles entre elles ; les obliques, situées dans les casiers de droite, sont parallèles entre elles et concourantes avec les lignes du cadre.

C'est par une heureuse combinaison de toutes ces lignes que l'on obtient des dessins agréables à l'œil.

On mesure les lignes avec le mètre.

Une *surface* est ce qui limite un objet dans tous les sens, ce que l'on peut voir et toucher et qui n'a pas d'épaisseur.

Quand on peint un mur, que l'on vernit un meuble, c'est sur la surface de ces objets que l'on travaille.

Il y a des *surfaces planes*, comme celles d'une glace, d'un mur, d'un parquet, et des *surfaces courbes*, comme celles d'une boule, d'une statue, d'un tronc d'arbre.

Dans les objets creux, on distingue, en outre, la *surface intérieure* et la *surface extérieure*.

Les surfaces s'évaluent en mètres carrés.

Tous les objets que nous pouvons voir ou toucher occupent un certain espace, limité par leur surface : c'est le *volume* de ces objets.

On distingue des *volumes géométriques*, comme le cube, le cylindre, la sphère, etc., qui ont des propriétés géométriques bien connues, c'est-à-dire que l'on peut facilement mesurer, et des *volumes non géométriques*, comme un caillou, une branche d'arbre, etc., qui n'ont pas de propriétés géométriques bien déterminées.

Les volumes s'évaluent en mètres cubes.

**Devoir.** — Les élèves prépareront pour la prochaine leçon une copie coutenant tous les mots soulignés relatifs aux différentes lignes avec un spécimen de chacune d'elles à côté. Ils devront savoir de mémoire toutes les définitions.

## DESSIN

**Croquis.** — L'ordre des opérations et la disposition des planches sont les mêmes que pour la classe de neuvième, mais on doit naturellement exiger plus de soin et d'attention.

**Mise au net.** — Des modèles, en nombre suffisant, seront placés dans la salle de dessin. Les élèves de huitième emploieront une règle carrée pour tracer le dessin au crayon et à la plume, en ayant soin, dans ce dernier cas, de mettre peu d'encre après la plume et d'en tenir le bec un peu éloigné de la règle. Ils commenceront par les lignes du cadre qu'ils diviseront en parties égales à l'aide du double-décimètre. Ils évalueront très exactement toutes les lignes des quatre premiers casiers en millimètres et ils inscriront les longueurs trouvées vers le milieu de chacune d'elles en petits chiffres bien soignés.

-------

### CLASSE DE SEPTIÈME

### GÉOMÉTRIE

**Leçon.** — On répétera toutes les définitions données aux élèves de huitième.

**Devoir.** — Les élèves auront le même devoir que dans la classe de huitième, mais ils devront citer, en outre, *cinq* exemples de chaque espèce de ligne *pleine*, empruntés à la nature ou à des objets usuels.

## DESSIN

**Croquis.** — On devra ajouter au croquis expliqué dans les classes précédentes toutes les écritures qui entourent le cadre.

**Mise au net.** — Des modèles, en nombre suffisant, seront placés dans la salle de dessin. Les élèves de septième doivent déjà posséder une certaine habitude du dessin à main levée et avoir pour but de préparer un véritable *portefeuille*, c'est-à-dire une petite collection de planches faites avec soin.

Rien n'est plus difficile et cependant rien n'est plus indispensable que d'obtenir des élèves, dès le début, de l'uniformité dans les dimensions de la feuille, du cadre et des écritures, ce qui constitue, à proprement parler, le *décor extérieur* des planches, qui fait qu'elles ressemblent aux feuillets d'un livre ou d'un album.

Quand on voit sur un dessin des écritures anglaise, ronde, gothique ou autres, dans tous les sens et de toutes les grosseurs, on est tout de suite porté à penser que c'est l'ouvrage d'un enfant qui n'a pas de goût ou qui n'a pas été dirigé.

Il faudra donc insister vivement sur une bonne exécution des écritures. D'ailleurs, le temps employé à ce travail n'est pas perdu et les élèves le reconnaissent bien vite. Indépendamment de ce qu'un dessin gagne en élégance et en netteté avec des écritures bien faites et bien placées, il y a là un exercice de dessin d'ornement qui donne beaucoup d'habileté à la main.

Nous donnerons ultérieurement une planche contenant des écritures de différentes formes. Pour le moment, les élèves chercheront à imiter le modèle le mieux possible.

Le cadre doit avoir 250 millimètres de long sur 200 de large ; il est entouré d'une marge de 20 millimètres, comme notre modèle : c'est la grandeur que l'on obtient quand on plie en huit une feuille grand aigle. Les petites écritures situées aux quatre coins de la planche sont à 4 millimètres du cadre ; elles ont 2 millimètres de hauteur et les majuscules 4 millimètres. Le titre principal doit être placé juste au milieu de la planche ; il est à 6 millimètres du cadre ; chaque lettre a 6 millimètres de hauteur et 4 de largeur, à l'exception de l'I qui n'a pas de largeur ; les intervalles ont 2 millimètres. Les petites écritures se font à main levée, les autres à la règle. Elle se composent toutes, de même que le cadre, d'un simple filet sans aucun ornement.

Le cadre sera construit avec la règle plate et l'équerre ; les autres lignes, avec le double-décimètre. Le professeur fera bien d'indiquer au tableau la construction du cadre en traçant et mesurant d'abord le côté inférieur. Quand la planche sera complètement terminée, il faudra encore ajuster les bords de la feuille avec un canif, de manière à laisser exactement 20 millimètres de marge.

Nom de l'établissement. DESSIN Pl. I.

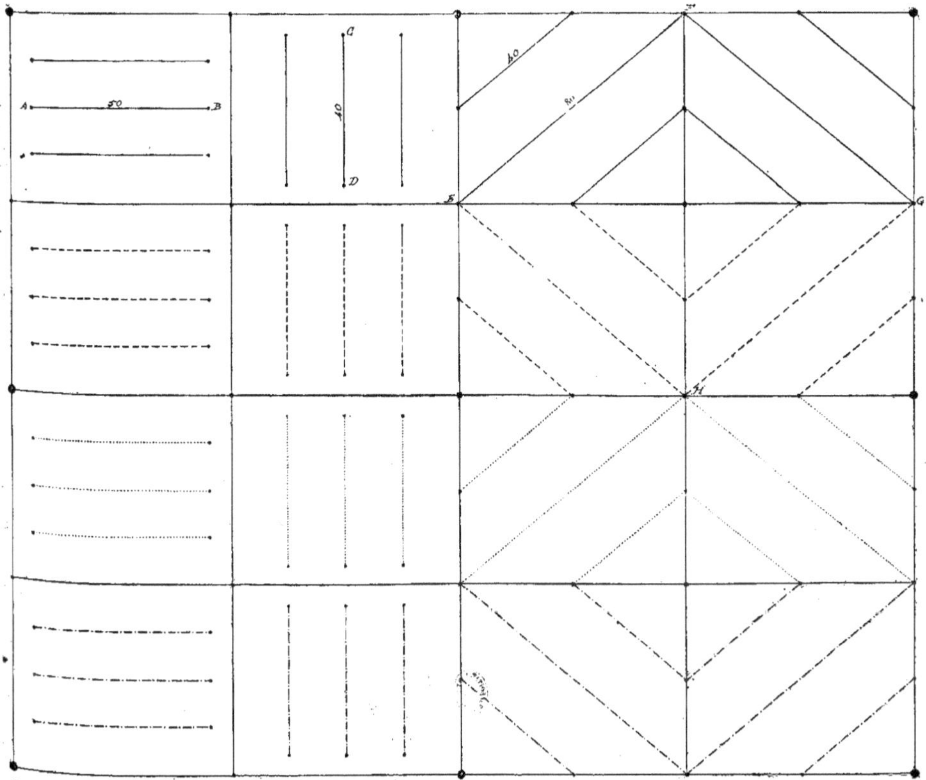


Octobre. *Note et Visa du professeur.* Nom de l'élève.

# PLANCHE II



## CLASSE DE NEUVIÈME

### DESSIN

La planche II a pour but d'apprendre aux élèves à diviser, à vue, des droites en parties égales ; c'est un exercice très important pour habituer l'œil à voir juste et pour se préparer aux applications qui doivent suivre. Il faut, dans cette opération, procéder d'une façon méthodique ; le tâtonnement est long et incertain.

D'une manière générale, il faut toujours aller des grandes divisions aux petites. Ainsi, pour tous les nombres *multiples* de 2 ou de 3, comme 2, 4, 6, 8, 9, 12, 14, 15, etc., on commencera par diviser en 2 ou 3 parties égales pour subdiviser ensuite. Pour les nombres *premiers*, autres que 2 et 3, tels que 5, 7, 11, 13, etc., on divisera d'abord en deux parties inégales, mais aussi peu différentes que possible. Par exemple, pour diviser une droite en 5 parties égales, on la divisera d'abord en deux parties inégales, l'une qui fera 3 parties, l'autre 2 ; pour 7 parties, on prendra d'abord 4 et 3 ; pour 11 parties, 6 et 5, et ainsi de suite.

Comme on le voit, tout se ramène, en quelque sorte, à savoir diviser en 2 et en 3 parties égales. C'est pourquoi nous avons insisté sur ce point.

Dans le premier casier, on divise des droites en 2, 4, 8, 16, 32, ..., parties égales, c'est-à-dire en une *puissance* quelconque de 2 ; dans le deuxième, on divise des droites en 3, 6, 9, 12, ..., parties égales, c'est-à-dire en un *multiple* quelconque de 3 ; dans le troisième, on emploie les nombres premiers 5, 7, 11 ; dans le quatrième, on applique les exercices précédents à l'exécution d'un petit carrelage, formé de carrés égaux.

L'ordre que l'on a suivi est indiqué sur le modèle par la diminution progressive des petits traits de division.

**Croquis.** — Marquer les quatre coins du cadre par des points situés à deux centimètres environ des bords de la feuille ; tracer le cadre ; diviser chacun des côtés en deux parties égales et former quatre grands casiers égaux.

Diviser chacun des petits côtés des quatre casiers en deux, puis en quatre parties égales, et tracer des horizontales qui seront ensuite divisées comme le modèle l'indique.

**Mise au net.** — Les élèves recommenceront le dessin à main levée, d'abord au crayon, puis à la plume, en suivant le même ordre que pour

A. BOUGUERET.

le croquis et en consultant le modèle. Ils ne s'occuperont pas des écritures qui entourent le cadre, mais ils mettront leur nom au bas de la planche et à droite.

## CLASSE DE HUITIÈME

### GÉOMÉTRIE

**Leçon.** — Les lignes, les surfaces et les volumes, dont s'occupe la géométrie, portent le nom commun de *figures*.

Toutes les figures qui n'ont pas d'épaisseur et qui peuvent s'appliquer exactement sur un plan bien uni, sur un tableau, par exemple, sont des *figures planes* ; celles qui ont de l'épaisseur, du relief, sont des *volumes*. La géométrie se divise naturellement en deux parties, la *géométrie plane*, qui s'occupe des premières et la *géométrie dans l'espace*, qui s'occupe des autres.

Des figures qui ont la même forme et la même étendue sont *égales*. Ainsi les quatre casiers de la planche II sont égaux. Des figures qui ont la même forme sans avoir la même étendue, c'est-à-dire qui se ressemblent, sont *semblables*. Ainsi, chacun des quatre casiers de la planche II est semblable au cadre tout entier ; une carte de géographie est semblable au pays qu'elle représente. Des figures qui ont la même étendue sans avoir la même forme sont *équivalentes*. Ainsi, la figure EFGH de la planche I, qui se compose de quatre moitiés de casier, est équivalente à deux casiers réunis ; une figure entièrement limitée par des lignes droites peut avoir la même surface qu'une autre figure limitée par des lignes courbes, c'est-à-dire être équivalente à cette dernière.

La plupart des figures étudiées en géométrie ont des noms particuliers. Ainsi, toutes les figures qui ressemblent au cadre d'une planche, c'est-à-dire qui sont formées par des horizontales et des verticales égales deux à deux, s'appellent *rectangles* ; les figures du 4ᵉ casier de la planche II, formées par deux horizontales et deux verticales égales entre elles, s'appellent *carrés*.

En géométrie on emploie souvent les expressions suivantes : *théorème, corollaire, problème, axiome.*

Un *théorème* est une vérité qui n'est pas évidente, mais qui a besoin d'être démontrée. Quand on dit que la surface d'un rectangle s'obtient en multipliant la longueur par la largeur, on énonce un théorème.

Un *corollaire* est une conséquence d'un théorème. Si l'on dit que deux rectangles ayant même longueur et même largeur sont égaux, on énonce un corollaire qui découle du théorème précédent.

Un *problème* est une application d'un théorème. Si l'on cherche la surface d'un rectangle ayant 15 mètres de longueur et 10 mètres de largeur, par exemple, on résout un problème. Il y a des *problèmes numériques*, où l'on opère avec des nombres, comme dans l'exemple précédent, et des *problèmes graphiques*, où l'on opère avec des lignes, comme dans celui-ci, par exemple : construire un rectangle au moyen de deux lignes qui devront être la longueur et la largeur de ce rectangle.

Un *axiome* est une vérité évidente par elle-même, c'est-à-dire qui n'a pas besoin d'être démontrée.

Voici quelques axiomes :

1° Le tout est plus grand que sa partie ;

2° Le tout est égal à la somme de ses parties ;

3° Deux quantités égales à une troisième sont égales entre elles ;

4° Deux quantités égales ne cessent pas d'être égales quand on les augmente ou qu'on les diminue d'une même quantité, quand on les multiplie ou qu'on les divise par une même quantité.

Voici maintenant les signes employés en géométrie, les mêmes que ceux employés en arithmétique :

| | | |
|---|---|---|
| $A + B$ | se lit | A *plus* B. |
| $A - B$ | — | A *moins* B. |
| $A \times B$ | — | A *multiplié par* B. |
| $A : B$ ou $\dfrac{A}{B}$ | — | A *divisé par* B. |
| $A = B$ | — | A *égale* B. |
| $A > B$ | — | A *plus grand que* B. |
| $A < B$ | — | A *plus petit que* B. |
| $A = B \sqrt{C}$ | — | A *égale* B *multiplié par racine carrée de* C. |
| $AB^2$, $CD^3$ | — | AB *carré*, CD *cube*. |

**Devoir**. — Les élèves apprendront toutes les définitions précédentes ; ils prépareront, en outre, une copie contenant l'énoncé des quatre axiomes cités plus haut, le tableau des signes employés et la solution des trois problèmes suivants.

PROBLÈME I. — Sachant que chacune des douze horizontales contenues dans les casiers de gauche de la planche I a 50 millimètres de long et chacune des 12 verticales suivantes, 40 millimètres, on demande quelle longueur on obtiendrait si l'on plaçait bout à bout toutes ces lignes ?

PROBLÈME II. — Sachant que la longueur du cadre de chaque modèle est de 250 millimètres, et la largeur de 200 millimètres, on demande la longueur totale de toutes les lignes formant les seize casiers de la planche I.

PROBLÈME III. — Chaque élève mesurera sur sa mise au net, avec le décimètre, la longueur de *toutes les lignes* formant la planche I et donnera le total général.

## DESSIN

**Croquis**. — L'ordre et la méthode à suivre sont les mêmes que pour la classe de neuvième. Les points de division devront être marqués à vue sans le secours du double-décimètre.

**Mise au net**. — Toutes les lignes du dessin seront tracées à la règle carrée, au crayon et à l'encre, après que leurs extrémités auront été indiquées à vue par de gros points ronds. Les points de division seront ensuite marqués au crayon et à vue, puis à l'encre à l'aide du double-décimètre. Il en résultera deux séries de points qui feront ressortir les erreurs d'appréciation et rectifieront la vue.

---

## CLASSE DE SEPTIÈME

### GÉOMÉTRIE

**Leçon**. — On répétera toutes les définitions données aux élèves de huitième.

**Devoir**. — Même devoir qu'en huitième ; mais les élèves de septième devront citer, en outre, *trois* exemples de figures égales, semblables et équivalentes.

### DESSIN

**Croquis**. — Les écritures devront être mises aux endroits indiqués et faites avec le plus grand soin. Elles auront une grande importance pour la note marquée par le professeur. On peut même, au début, afin d'obliger les élèves à s'en occuper sérieusement, leur attribuer la même valeur qu'au dessin proprement dit.

**Mise au net**. — Les élèves emploieront la règle et l'équerre pour tracer le cadre et ses grandes divisions ; ils opèreront ensuite comme les élèves de huitième.

DESSIN

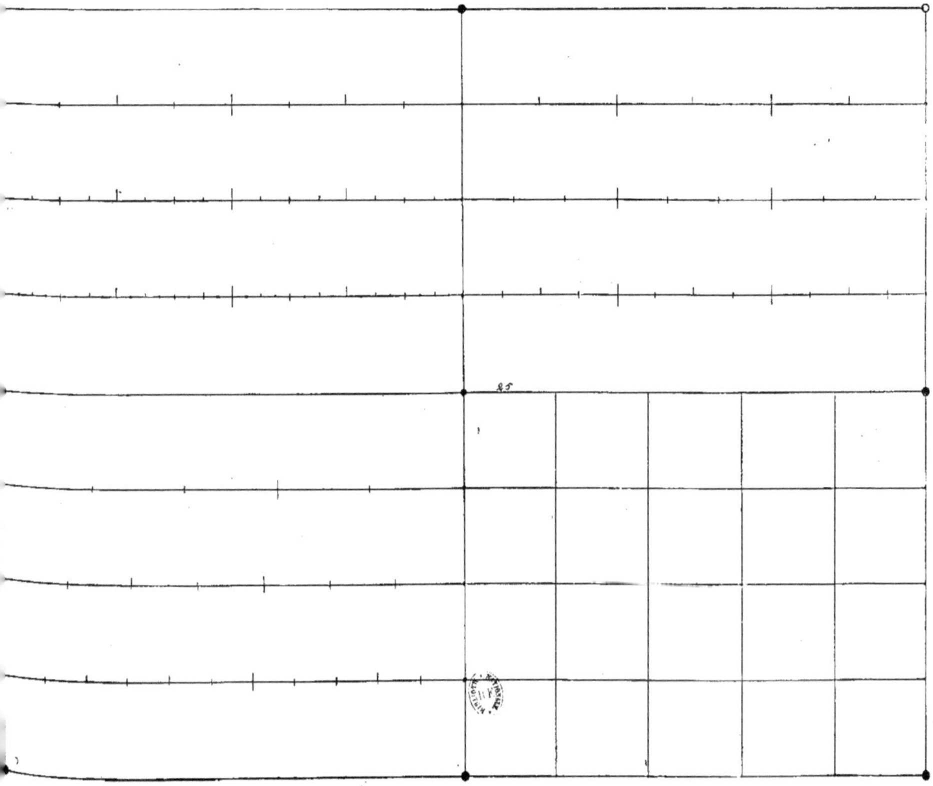

Octobre.

*Note et Visa du professeur.*

Nom de l'élève.

# PLANCHE III

## CLASSE DE NEUVIÈME

### DESSIN

La planche III renferme des applications à la division des droites en parties égales. Elle donnera aux élèves une première idée des combinaisons variées que l'on peut obtenir avec des droites horizontales, des verticales et des obliques. De petits traits parallèles assez rapprochés, appelés *hachures*, achèveront de donner un bon aspect à ces exercices. Les élèves devront s'appliquer au tracé des hachures, qui seront bien équidistantes et exactement limitées par d'autres lignes.

Les deux derniers exercices peuvent représenter un carrelage en brique ou en marbre.

**Croquis.** — Tracer le cadre avec ses quatre grandes divisions. Au milieu du premier casier, tracer une horizontale AB, un peu moins longue que ce casier ; diviser cette ligne en deux, puis en quatre parties égales ; par les points de division et par les extrémités, tracer cinq verticales égales, un peu moins larges que le casier ; achever le rectangle intérieur, qui se trouve ainsi divisé en huit petits rectangles et tracer des obliques comme le modèle l'indique.

Ces obliques sont des *diagonales* des rectangles.

Au milieu du deuxième casier, tracer une verticale CD, un peu moins large que ce casier ; diviser cette ligne en trois parties égales ; par les points de division et par les extrémités, tracer quatre horizontales, un peu moins longues que le casier ; diviser ces horizontales en quatre parties égales ; former des carrés et tracer des obliques en consultant le modèle.

Ces obliques sont des *diagonales* des carrés.

Dans le troisième casier, indiquer d'abord les quatre coins du rectangle intérieur à un centimètre environ des côtés du casier et tracer ce rectangle ; diviser les deux longueurs en dix parties égales et les deux largeurs en huit parties égales ; tracer des horizontales et des verticales de manière à former 8 × 10 = 80 carrés, et faire toutes les hachures dans le même sens.

Dans le quatrième casier, tracer le même nombre de petits carrés en trait pointillé, puis les carrés plus grands en trait plein, les diagonales et les hachures.

**Mise au net.** — On suivra l'ordre du croquis ; on emploiera une plume au bec fin et dur pour le tracé des hachures.

A. BOUGUERET.

## CLASSE DE HUITIÈME

### GÉOMÉTRIE

**Leçon.** — Avant d'aller plus loin dans les définitions de la géométrie et les propriétés élémentaires des figures, nous allons faire une revision des mesures de longueur et de surface déjà étudiées dans le système métrique, ce qui nous permettra de faire des problèmes numériques variés.

#### MESURES DE LONGUEUR

La base de toutes les mesures et de tous les poids employés en France est le *mètre*, unité des mesures de longueur ; c'est une longueur égale à la 40.000.000e partie d'un méridien terrestre, c'est-à-dire d'un grand cercle qui ferait le tour de la terre en passant par les pôles. Le mètre est une mesure facile à employer, ni trop grande ni trop petite ; on peut e servir d'un bâton ayant un mètre de long ; la plupart des épées ont un mètre.

#### MULTIPLES DU MÈTRE

| | | | | |
|---|---|---|---|---|
| *Décamètre* | qui vaut | 10 mètres et qui s'indique | | *Dm.* |
| *Hectomètre* | — | 100 | — | — | *Hm.* |
| *Kilomètre* | — | 1.000 | — | — | *Km.* |
| *Myriamètre* | — | 10.000 | — | — | *Mm.* |

#### SOUS-MULTIPLES DU MÈTRE

| | | | | |
|---|---|---|---|---|
| *Décimètre* | qui vaut | 1/10 du mètre et qui s'indique | | *dm.* |
| *Centimètre* | — | 1/100 | — | — | *cm.* |
| *Millimètre* | — | 1/1000 | — | — | *mm.* |

Comme on le voit, les mesures de longueur sont de dix en dix fois plus grandes ou plus petites ; d'où il résulte qu'il faut un seul chiffre pour représenter chacune d'elles.

#### MESURES DE SURFACE

L'unité des mesures de surface est le *mètre carré* ou *centiare*, qui s'indique *mq* ou *ca* ; c'est un carré ayant un mètre de côté.

Si l'on divise chacun des quatre côtés d'un mètre carré en dix parties égales, on obtient des longueurs égales à un décimètre ; si l'on joint ces points de division deux à deux par des parallèles aux côtés, on obtient 10 × 10 = 100 petits carrés ayant un décimètre de côté, c'est-à-dire 100 *décimètres carrés*. Cette simple construction prouve que les mesures de surface sont de cent en cent fois plus grandes ou plus petites ; d'où il résulte qu'il faut deux chiffres pour exprimer chacune d'elles.

3

### MULTIPLES DU MÈTRE CARRÉ

*Décamètre carré* ou *Are* — qui vaut 100 mètres carrés et qui s'indique *Dmq* ou *a*.
*Hectomètre carré* — *Hectare* — 10.000 — — *Hmq* ou *Ha*.
*Kilomètre carré* — 1.000.000 — — *Kmq*.
*Myriamètre carré* — 100.000.000 — — *Mmq*.

### SOUS-MULTIPLES DU MÈTRE CARRÉ

*Décimètre carré* qui vaut 1/100 du mètre carré et qui s'indique *dmq*.
*Centimètre carré* — 1/10.000 — — — *cmq*.
*Millimètre carré* — 1/1.000.000 — — — *mmq*.

*N. B.* — De nombreuses questions orales seront faites sur les rapports des mesures de longueur entre elles ainsi que sur les mesures de surface. On fera écrire au tableau des nombres en prenant chacune de ces mesures comme unité.

**Devoir.** — Les élèves mettront sur copie le tableau des mesures de longueur et des mesures de surface avec la solution des problèmes suivants :

Problème I. — Une personne achète 3 coupons de drap à 8 fr. 75 le mètre ; le premier contient $1^m 3^{dm} 8^{cm}$ ; le deuxième $2^m 4^{cm} 8^{mm}$ ; le troisième $1^m 5^{dm} 6^{mm}$. Quelle est la dépense totale ?

Problème II. — Un cantonnier a $6^{am} 4^{Dm} 8^m 3^{dm}$ de fossé à creuser ; il a creusé une première fois $2^{am} 7^m 8^{dm}$, une deuxième fois, $8^{Dm} 6^{dm}$. Quelle longueur reste à faire ?

Problème III. — Un particulier achète trois propriétés : la première, qui contient $2^{ha} 25^a 30^{ca}$, à raison de 50 fr. le décamètre carré ; la deuxième, qui contient $840^{mq} 75^{dmq}$, à raison de 3.800 fr. l'hectare ; et la troisième, qui contient 1 hectare et demi, à raison de 0 fr. 50 le mètre carré. Quelle somme doit-il verser ?

## DESSIN

**Croquis.** — Mêmes observations que pour la classe de neuvième.

**Mise au net.** — Tracer le cadre à la règle, à deux centimètres environ des bords de la feuille, en cherchant à obtenir un rectangle parfait, sans le secours de l'équerre ; diviser les quatre côtés en deux parties égales à l'aide du double-décimètre et former quatre casiers égaux ; construire quatre rectangles de manière que tous les sommets se trouvent à un centimètre des côtés des casiers ; achever le dessin en suivant l'ordre du croquis et en faisant toutes les divisions de même sens égales. Il arrivera généralement qu'on obtiendra des rectangles au lieu de carrés dans les figures 2, 3 et 4 ; cela n'empêchera pas de tracer les diagonales et les hachures comme sur le modèle. On devra donner un millimètre d'écartement aux hachures et même indiquer d'avance leur position avec le double-décimètre.



### GÉOMÉTRIE

**Leçon.** — On ajoutera à la leçon de la classe de huitième les renseignements suivants sur l'origine du système métrique.

Le système des poids et mesures employé autrefois en France présentait de graves inconvénients : il manquait de *simplicité*, les unités secondaires étant très nombreuses et se déduisant très irrégulièrement des unités principales ; il manquait d'*uniformité*, les mesures variant de noms et de grandeurs d'une province à une autre, d'une ville à une ville voisine ; il manquait de *stabilité*, les unités ayant été choisies arbitrairement et changeant avec le temps ou les circonstances.

En 1790, une commission de savants, nommée par l'Académie, fut chargée de préparer une réforme des poids et mesures.

Borda, Lagrange, Laplace, Monge et Condorcet, qui composaient cette commission, décidèrent que le nouveau système de mesures suivrait la *loi décimale*, et que l'unité de longueur, dont devaient dériver toutes les autres unités de mesures, serait liée à la grandeur de la terre, de manière à être indépendante du temps et des pays.

Pour arriver à ce résultat, Méchain et Delambre mesurèrent la portion du méridien terrestre comprise entre Dunkerque et Barcelone avec une unité particulière appelée la *toise* (environ 2 mètres).

Ils obtinrent, par le calcul, la longueur du quart du méridien terrestre, qui fut trouvée de 3.130.740 toises.

La $10.000.000^e$ partie de cette longueur ou la $40.000.000^e$ partie du méridien tout entier fut prise comme unité et appelée *mètre*.

**Devoir.** — Les élèves de septième ajouteront au devoir donné en huitième une petite note sur l'origine et l'utilité du mètre. Ils définiront les deux mots *méridien* et *pôle* de la terre.

### DESSIN

**Croquis.** — Le croquis devra être complété par toutes les écritures et les cotes qui sont sur le modèle.

**Mise au net.** — Toutes les dimensions indiquées sur le croquis seront mesurées exactement avec le double-décimètre. C'est ainsi que les quatre coins des deux premiers rectangles seront situés à $12^{mm} 5$ des côtés des casiers ; que les quatre coins des deux autres rectangles seront à $12^{mm} 5$ des côtés verticaux des casiers et à $10^{mm}$ des côtés horizontaux. Dans le premier casier, on obtiendra 8 rectangles ayant $37^{mm} 5$ de long sur 25 de large ; dans le deuxième, 12 carrés ayant 25 sur 25 ; dans le troisième, 80 carrés ayant 10 sur 10 ou 80 centimètres carrés ; et dans le quatrième, 20 carrés ayant 20 sur 20.

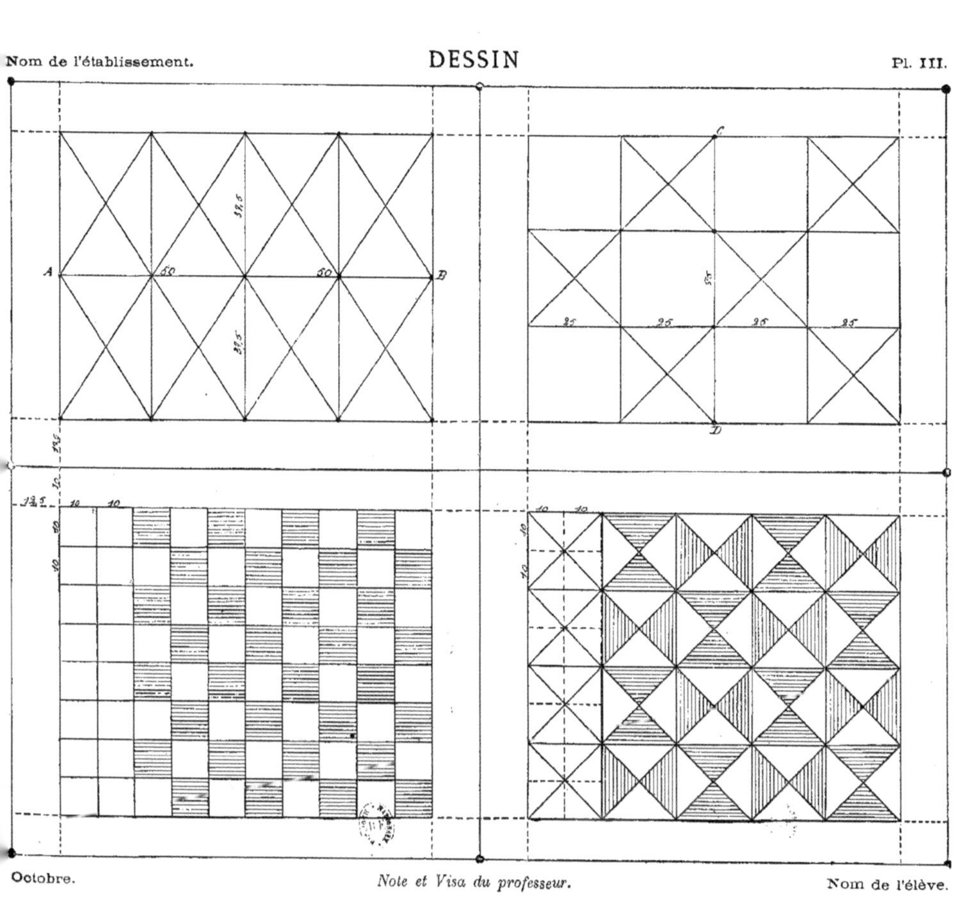



Octobre.　　　*Note et Visa du professeur.*　　　Nom de l'élève.

# PLANCHE IV



## DESSIN

La planche IV a pour but d'apprendre à *évaluer des rapports de lignes droites et de surfaces*, ce qui revient à effectuer, sur les lignes et les surfaces, les mêmes opérations que sur les nombres entiers.

Il est important que les élèves s'habituent à évaluer, à vue, aussi exactement que possible, les longueurs des lignes, les dimensions des objets. Le professeur devra tracer des lignes de différentes longueurs, présenter des bâtonnets, indiquer des arêtes de meubles, etc., demander les longueurs à plusieurs élèves et vérifier aussitôt avec le mètre ou le double-décimètre. Les élèves prendront goût à cet exercice où ils acquerront rapidement beaucoup d'habileté.

**Croquis.** — Tracer le cadre avec ses quatre grandes divisions ; diviser les deux premiers casiers en 2 parties égales par une verticale en pointillé, puis leurs côtés verticaux en 7 parties égales ; tracer, à vue, par ces points de division, successivement des horizontales ayant environ 10, 20, 30, 40, 50 et 60mm, ce qui revient à multiplier la première par 2, 3, 4, 5 et 6 ; tracer ensuite 6 verticales équidistantes en commençant par une très petite, en doublant 4 fois de suite et en ajoutant l'une au bout de l'autre les 5 lignes obtenues ; tracer 2 lignes inégales et retrancher la petite de la grande ; tracer 3 lignes ayant environ 10, 20, 30mm et 3 autres lignes ayant 5, 10, 15mm ; faire la somme des trois premières et la somme des trois dernières, et retrancher le second résultat du premier ; tracer 6 horizontales en commençant par 8mm et en multipliant par 2, 3, 4, 5 et 6 ; enfin, en allant de bas en haut, tracer 5 horizontales représentant les *puissances* successives de la première, savoir : 2, 4, 8, 16 et 32mm.

Au commencement du troisième casier, tracer un carré ; diviser un côté horizontal de ce carré en 4 parties égales ; par les points de division, tracer des verticales de manière à obtenir 4 rectangles ayant la longueur quadruple de la largeur ; construire ensuite 3 rectangles ayant pour longueur le côté du carré et ayant respectivement pour largeur 1, 2 et 3 divisions de ce côté ; tracer un carré égal au précédent ; diviser les côtés en 4 parties égales et former $4 \times 4 = 16$ petits carrés égaux ; former ensuite 3 carrés ayant respectivement pour côtés 1, 2, 3 divisions précédentes et les décomposer également en petits carrés.

Par le milieu du quatrième casier, faire passer une horizontale et une

A. BOUGUERET.

verticale en pointillé, en prolongeant jusqu'à un centimètre environ des côtés ; former un rectangle en pointillé ; tracer les diagonales ; diviser chaque moitié des diagonales en 4 parties égales et construire des rectangles de plus en plus grands, mais *semblables*.

**Mise au net.** — Suivre l'ordre indiqué pour le croquis.

---



## GÉOMÉTRIE

**Leçon.** — Une bonne partie de la leçon sera employée à faire évaluer des longueurs à vue et à faire tracer au tableau des lignes données que l'on vérifiera de suite.

« Un matériel très simple peut aider le maître dans ces exercices, sur lesquels il ne saurait trop revenir. S'agira-t-il pour lui d'enseigner à juger des grandeurs absolues de lignes droites, une série de bâtonnets ayant des longueurs de 10, 20, 30, 40 et 50 centimètres seront à sa disposition. Il les présentera aux élèves et leur en fera énoncer les longueurs. Il passera ensuite à des bâtonnets de 15, 25, 35 centimètres, et plus tard fera évaluer des longueurs quelconques. Faudra-t-il exercer les enfants à apprécier sûrement et rapidement le rapport de division d'une ligne droite, une règle portant un curseur mobile constituera le matériel voulu. Le curseur sera placé par le maître en des points connus de lui, au tiers, au quart, aux deux tiers, aux trois cinquièmes de la longueur de la règle, et les élèves apprécieront, énonceront le rapport de division et dessineront une ligne droite qu'ils fractionneront de la même manière que la règle. Ce n'est qu'après ces exercices sur la ligne droite que les figures à deux dimensions seront étudiées. Le carré est la plus simple de toutes. Ses deux dimensions sont égales. On apprendra aux élèves à le construire avec précision. La verticale et l'horizontale donneront d'abord le sens de ses côtés et on habituera peu à peu l'enfant à prendre des longueurs égales sur ces droites de directions si différentes.

« Le rectangle vient ensuite, et avec lui toute une série d'exercices de première importance. En effet, une figure plane, si complexe qu'elle soit, peut toujours s'inscrire dans un rectangle qu'elle touche en certains points ; une droite inclinée sur l'horizon peut toujours être considérée comme la diagonale d'un rectangle dont il suffirait de tracer deux côtés, l'un horizontal et l'autre vertical, pour reproduire avec fidélité son inclinaison ; en un mot, tout ce qui nécessitera soit la comparaison d'une largeur et d'une hauteur, soit l'appréciation d'une inclinaison de ligne, peut se ramener en dernière analyse à juger des dimensions relatives d'un rectangle que le dessinateur trace ou imagine pour servir d'auxiliaire à son jugement. (Eugène Guillaume, de l'Institut.» — Extrait du *Dictionnaire de Pédagogie ;* première partie, page 685).

En examinant la série de rectangles et de carrés construits dans le troisième casier de la planche IV, on voit que : *1° lorsque la longueur d'un rectangle reste fixe pendant que la largeur devient 2, 3, 4... fois plus grande ou plus petite, la surface devient elle-même 2, 3, 4... fois plus grande ou plus petite ; 2° lorsque le côté d'un carré devient 2, 3, 4... fois plus grand ou plus petit, la surface devient 4, 9, 16... fois plus grande ou plus petite, c'est-à-dire varie proportionnellement au carré du côté.*

Si l'on considère un rectangle particulier dont les quatre côtés sont égaux comme un carré, on tire cette autre conséquence : *lorsque la longueur et la largeur d'un rectangle deviennent en même temps 2, 3, 4... fois plus grandes ou plus petites, la surface devient elle-même 4, 9, 16... fois plus grande ou plus petite.*

La dernière figure de la planche IV donne une série de rectangles qui suivent cette progression.

La décomposition des carrés du troisième casier en carrés plus petits ayant un centimètre de côté, c'est-à-dire en *centimètres carrés,* fait voir également que le nombre de ces derniers s'obtient en multipliant la longueur par la largeur : $4 \times 4 = 16$ ; $3 \times 3 = 9$ ; $2 \times 2 = 4$.

Dans la planche III, on avait déjà divisé deux rectangles ayant 10 centimètres de long sur 8 centimètres de large en $10 \times 8 = 80$ centimètres carrés ; d'où les deux règles suivantes :

I. — *La surface d'un carré s'obtient en multipliant le côté par lui-même.*

Ainsi un carré qui aurait pour côté 1, 2, 3, 4, 5... mètres, 1, 2, 3, 4, 5... décamètres, 1, 2, 3, 4, 5... décimètres, etc., aurait pour surface 1, 4, 9, 16, 25... mètres carrés ou centiares, 1, 4, 9, 16, 25... décamètres carrés ou ares, 1, 4, 9, 16, 25... décimètres carrés.

II. — *La surface d'un rectangle s'obtient en multipliant la longueur par la largeur* ou, ce qui revient au même, *en multipliant la base par la hauteur.*

Ainsi un rectangle qui aurait $12^m$ de longueur sur $7^m$ de largeur aurait pour surface $12 \times 7 = 84^{mq}$ ; un rectangle qui aurait $124^m,5$ de longueur sur 68, 4 de largeur aurait pour surface $124, 5 \times 68, 4 = 8515^m,80^{dmq}$ ou $85^a 15^{ca},80^{dmq}$ ; un rectangle qui aurait $0^m,6^{dm}3^{cm}5^{mm}$ de longueur sur $0^m,2^{dm} 8^{cm} 4^{mm}$ de large aurait pour surface $0,635 \times 0,284 = 0^{mq},18^{dmq} 03^{cmq} 40^{mmq}$.

Le professeur calculera lui-même la surface de plusieurs rectangles et fera calculer les élèves.

**Devoir**. — Les élèves mettront sur copie toutes les règles écrites en italiques, puis ils résoudront les problèmes suivants :

Problème I. — Un terrain à bâtir de forme carrée a $32^m,4$ de côté. 1° Quelle est la surface en mètres carrés ; 2° quelle est la valeur à raison de 125 fr. le mètre carré ?

Problème II. — Un parquet de forme rectangulaire a $5^m,60$ de long sur $3^m,75$ de large. 1° Quelle est la surface en mètres carrés ; 2° quel est le prix à raison de 10 fr. le mètre carré ?

Problème III. — Quelle est en millimètres carrés la surface de chacune des figures, rectangles et carrés, contenues dans la planche IV, y compris le cadre et les quatre rectangles du quatrième casier (les longueurs de ces rectangles sont respectivement $12^{mm},5$ ; $25^{mm}$ ; 37,5 et 50 ; les largeurs, 20 ; 40 ; 60 et $80^{mm}$) ?

## DESSIN

**Croquis**. — Les élèves de huitième placeront toutes les constructions dans l'ordre déjà indiqué et, comme leur cahier de croquis sera généralement plus petit que le modèle, ils réduiront toutes les cotes de moitié.

**Mise au net**. — Toutes les figures devront être mesurées exactement avec le double-décimètre, suivant les cotes inscrites.

---

## CLASSE DE SEPTIÈME

### GÉOMÉTRIE

**Leçon**. — Indépendamment des exercices déjà cités sur les longueurs, les élèves seront exercés à l'évaluation en unités convenables de petites surfaces carrées ou rectangulaires qui seront mesurées immédiatement, telles que les portes, les fenêtres et les murs de la classe, évalués en mètres carrés ; une planchette, une ardoise, une feuille de papier évaluées en décimètres carrés.

**Devoir**. — Les règles et les problèmes donnés en huitième seront suivis des deux formules suivantes :

$$S = b \times h$$
$$S = c \times c = c^2$$

dans lesquelles S désigne un rectangle ou un carré quelconque, $b$ et $h$ la base et la hauteur d'un rectangle, $c$, le côté d'un carré.

## DESSIN

**Croquis**. — Suivre l'ordre déjà indiqué.

**Mise au net**. — Reproduire les figures en vraie grandeur à l'aide du double-décimètre, de la règle et de l'équerre.

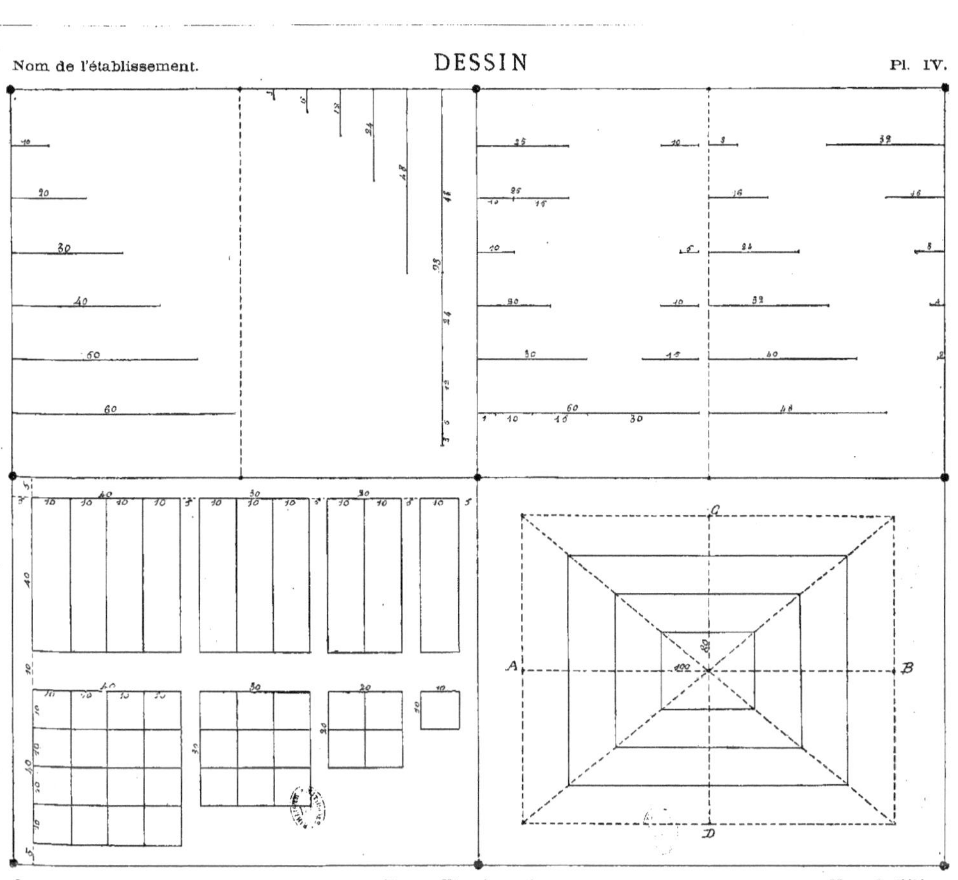

A
B
C
D
100
50

# PLANCHE V

## CLASSE DE NEUVIÈME

### DESSIN

La planche V renferme des applications simples obtenues avec des verticales, des horizontales et des diagonales de carrés.

Les élèves prendront goût à ces exercices ; les plus laborieux s'ingénieront même à trouver d'autres combinaisons du même genre.

La première figure représente un *mur* en pierre de taille ou en moellon piqué, dans lequel les *joints verticaux* alternent et les différentes *assises horizontales* ont la même épaisseur.

La deuxième figure représente un *carrelage* en brique, en faïence ou en marbre ; les parties qui composent ce carrelage ont généralement des teintes vives et variées.

La troisième figure est une *marqueterie arabe*, c'est-à-dire un ouvrage de menuiserie composé de feuilles minces en bois de différentes couleurs plaquées sur d'autres pièces assemblées. On donne aussi le nom de marqueterie à tout ouvrage du même genre exécuté avec des marbres ou des métaux.

Pour le moment, nous remplaçons en partie les teintes par des hachures. Les enfants auxquels nous nous adressons, sont trop jeunes pour se servir convenablement du pinceau. Nous répétons qu'on doit exiger des hachures bien nettes, parallèles et équidistantes, et empêcher toute espèce de barbouillage au crayon ou à l'encre.

La quatrième figure est une *bordure grecque*, telle qu'on en emploie souvent pour la décoration intérieure et extérieure des édifices. Une bordure grecque peut être exécutée en peinture sur du papier ou du plâtre sans creux ni relief, ou bien être exécutée en bois ou en pierre avec des creux et des reliefs. Dans l'exemple que nous donnons, on peut supposer que les *filets blancs* sont en saillie et les autres en creux. Il existe de nombreuses variétés de bordures grecques. On en voit, en particulier, de très belles sur les faces de l'Arc de Triomphe, à Paris.

**Croquis**. — Tracer le cadre et ses quatre grandes divisions ; dans chaque casier, tracer un petit cadre en plaçant les sommets à un centimètre environ des lignes de division ; diviser à vue toutes les longueurs de ces petits cadres en 10 parties égales et toutes les largeurs en huit parties égales.



Dans la première figure, mener les horizontales en trait plein et les verticales en trait pointillé, puis tracer les petites verticales en trait plein en observant l'alternance.

Dans la deuxième figure, tracer toutes les horizontales, toutes les verticales et toutes les obliques en trait plein.

Dans la troisième figure, tracer d'abord deux horizontales et trois verticales en trait plein, de manière à obtenir de grands carrés ; tracer les autres horizontales et verticales en pointillé ; tracer en trait plein les petits carrés qui se trouvent au centre des grands, puis les diagonales ; faire les hachures.

Dans la quatrième figure, tracer toutes les lignes en pointillé, puis les filets de la bordure en trait plein, en suivant attentivement le modèle.

**Mise au net**. — Pour le tracé au crayon, suivre l'ordre indiqué précédemment ; passer ensuite à l'encre, mais seulement les traits pleins, puis frotter légèrement avec la gomme de manière à enlever les pointillés au crayon.

---

## CLASSE DE HUITIÈME

### GÉOMÉTRIE

**Leçon**. — Suite de l'exercice sur l'appréciation à vue de la longueur de bâtonnets mesurés d'avance et d'objets usuels quelconques. Évaluation à vue en décimètres carrés et centimètres carrés de petites surfaces rectangulaires et vérification immédiate.

Les élèves passeront au tableau pour y tracer à vue des droites ayant 10, 20, 30, 40. . . , 5, 10, 15, 20, 25. . . , 4, 8, 12, 16. . . , 3, 6, 9, 12. . . , 7, 11, 13, 17. . . centimètres de longueur. Ils vérifieront eux-mêmes chaque série avec le mètre et indiqueront les erreurs commises à l'aide de *traits forts*. Ils seront ensuite exercés à faire les quatre opérations fondamentales de l'arithmétique sur des droites qu'ils auront tracées au tableau.

5

Nombreux exercices oraux analogues aux suivants :

1° Un bâton a un mètre et demi de long. Combien de décimètres, de centimètres, de millimètres ? Si on le coupait en 2, 3, 4, 5, 6, 10 parties égales, quelle serait la longueur de chaque partie ? Combien faudrait-il porter de fois ce bâton pour mesurer une longueur de 15, de 150, de 1500 mètres ?

2° La distance entre deux villes est de 2 myriamètres. Combien de kilom., de lieues de 4 kilom., d'hectomètres, de décamètres, de mètres ? Un voyageur parcourt un kilomètre en 10 minutes ; combien mettra-t-il de temps pour aller d'une ville à l'autre ? Les deux côtés de la route qui sépare les deux villes en question sont plantés d'arbres à raison de 5 par hectomètre. Combien d'arbres sur un côté, sur les deux côtés ?

3° A 2 fr. 50 le mètre de ruban, combien le décamètre, le décimètre, le centimètre, le double mètre, le demi-mètre ? On achète $2^m$, $2^m,50$, $3^m$, $3^m,50$, $4^m$ de ce ruban ; combien doit-on ? Pour 5 fr., combien aurait-on de mètres, de décimètres, de centimètres ?

**Devoir.** — Les élèves imagineront chacun une série de trois exercices analogues aux précédents avec les réponses, puis ils résoudront les problèmes suivants :

PROBLÈME I. — Une avenue a 360 mètres de long. On plante des arbres des deux côtés en commençant par les extrémités et en laissant des intervalles de 18 mètres entre ces arbres. Chaque arbre est acheté à raison de 1 fr. 75 chez un pépiniériste et occasionne, en outre, une dépense de 1 fr. 25 pour les frais de transport et de plantation. 1° Quel est le nombre d'arbres ; 2° quelle est la dépense pour un arbre ; 3° quelle est la dépense totale ?

PROBLÈME II. — Un jardin est divisé en 6 carrés ayant chacun $22^m,50$ de long. Ces carrés sont entourés d'une bordure en buis qui revient à 0 fr. 80 le mètre. 1° Quelle est la longueur de la bordure de de chaque carré ; 2° quelle est la longueur totale des bordures ; 3° quelle est la dépense ?

PROBLÈME III. — Pour la confection d'une robe, on emploie $15^m,20$ d'étoffe à 4 fr. 60 le mètre, $18^m,50$ de dentelle à 0 fr. 75 le mètre, $2^m,40$ de ruban à 3 fr. 20 le mètre. Les autres fournitures et la confection coûtent 25 francs. Quel est le prix de cette robe ?

## DESSIN

**Croquis**. — Mêmes observations que pour la classe de neuvième.

**Mise au net**. — Construire le dessin au crayon, puis à la plume, à l'aide de la règle ; faire un nettoyage général avec la gomme élastique et tracer les hachures à main levée.

---

## CLASSE DE SEPTIÈME

### GÉOMÉTRIE

**Leçon**. — Exercices analogues à ceux de la classe de huitième.

**Devoir**. — Le devoir donné aux élèves de huitième sera complété par les deux problèmes suivants :

PROBLÈME IV. — Sachant que le diamètre de la pièce de 5 francs en argent est égal à 37 millimètres, combien faudrait-il de pièces de 5 francs placées en ligne droite, l'une à côté de l'autre, pour faire une longueur de 1 mètre, 1 décamètre, 1 hectomètre ?

PROBLÈME V. — Quelle serait en lieues de 4 kilomètres la longueur que l'on obtiendrait avec une somme de 5 milliards, représentée par des pièces de 5 francs, placées l'une à côté de l'autre ?

## DESSIN

**Croquis**. — Mêmes observations que pour les classes précédentes. On ajoutera les cotes et les écritures.

Les élèves de septième doivent acquérir de plus en plus de la précision dans les mouvements de la main et faire des croquis ayant un bon aspect.

**Mise au net**. — Tracer un cadre bien rectangulaire ayant exactement 250 millimètres de long sur 200 millimètres de large ; le diviser en 4 casiers égaux et, dans chaque casier, construire un rectangle ayant 100 millimètres de long sur 80 millimètres de large ; décomposer chacun de ces rectangles en $10 \times 8 = 80$ centimètres carrés et achever les constructions en suivant les indications du croquis. Il sera inutile de tracer les hachures au crayon. On aura soin d'employer de l'encre de Chine fraîchement faite, très limpide, afin d'obtenir des traits bien nets et bien fins.

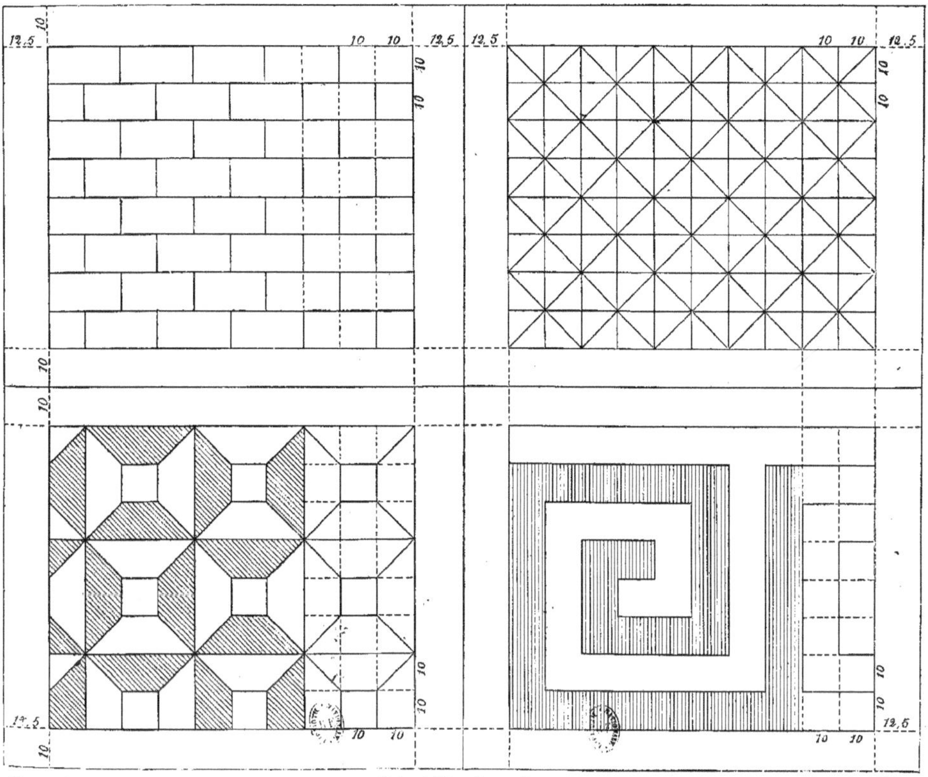

Novembre.  *Note et Visa du professeur.*  Nom de l'élève.

# PLANCHE VI

## CLASSE DE NEUVIÈME

### DESSIN

La planche VI renferme quatre applications intéressantes, que les élèves ne manqueront pas de faire avec plaisir si on les a construites méthodiquement sous leurs yeux ; elles sont formées d'horizontales, de verticales, de diagonales de carrés et de rectangles, ceux-ci ayant la longueur double ou triple de la largeur. La première représente un parquet dit *à fougères*, et les trois autres, des ouvrages de marqueterie en bois, en marbre, en faïence, etc.

**Croquis.** — Les élèves de neuvième ne pourront vraisemblablement pas exécuter toute la planche ; les deux premiers exercices ou le premier et le troisième suffiront. Après avoir tracé le cadre et l'avoir divisé en deux casiers seulement, ils construiront deux rectangles intérieurs en plaçant les sommets à un centimètre environ des côtés du cadre.

Diviser les grands côtés des rectangles en 10 parties égales et les petits côtés en 8 parties : tracer, par les points de division, des horizontales et des verticales en pointillé, de manière à obtenir $10 \times 8 = 80$ petits carrés dans chaque rectangle ; tracer les lignes en trait plein en suivant le modèle, puis les hachures.

**Mise au net.** — Recommencer le croquis au crayon comme il vient d'être dit, en négligeant les hachures ; passer à l'encre tous les traits pleins, y compris les hachures ; faire un nettoyage à la gomme.

---

## CLASSE DE HUITIÈME

### GÉOMÉTRIE

**Leçon.** — Les élèves seront exercés à évaluer à vue en mètres, décimètres et centimètres carrés les rectangles et les carrés qui se trouveront sous leurs yeux, tels que le tableau noir, les portes, les fenêtres, les murs, le parquet, une planchette, une règle plate, etc. La vérification sera faite immédiatement. Au tableau, on leur demandera de construire : 1° des carrés ayant 1, 2, 3. . . décimètres de côté, 15, 25, 35. . . cen-



timètres, 6, 12, 18. . . centimètres, etc., et de les décomposer en décimètres ou centimètres carrés ; 2° des rectangles ayant 1, 2, 3... décimètres de longueur, 5, 10, 15. . . centimètres de largeur, etc., et de les décomposer en décimètres ou centimètres carrés. On leur fera de nombreuses questions orales dans le genre des suivantes :

1° Une salle rectangulaire a 8 mètres de long et 5 mètres de large. Quelle est sa surface en mètres carrés, en décimètres carrés ?

2° Une ardoise a 20 centimètres de long sur 10 de large. Quelle est sa surface en décimètres et centimètres carrés ? combien en faudrait-il pour couvrir un mètre carré ? combien pour couvrir le parquet de la salle précédente ?

3° Si un mètre carré d'un bois fin employé pour le placage coûte 50 francs, combien le dixième de mètre carré, le décimètre carré, le centième de mètre carré, le centimètre carré ?

**Devoir.** — Les élèves mettront sur copie les problèmes suivants :

PROBLÈME I. — Un ouvrier doit tailler les six faces rectangulaires d'un bloc de pierre. Les deux grandes faces ont $1^m,40$ de long sur $0^m,90$ de large ; les faces moyennes $1^m,40$ de long sur $0^m,60$ de large ; et les deux autres $0^m,90$ sur $0^m,60$. 1° Quelle est la surface totale ; 2° quel est le gain de l'ouvrier, à raison de 1 fr. 20 le mètre carré ?

PROBLÈME II. — La surface de la France est de $5424^{Mea}$. Combien de Kmq, Hmq, Dmq, et mq ? Si le huitième de cette surface est ensemencé en blé, combien d'hectares ? Si un hectare de blé produit en moyenne 50 hectolitres de blé, quelle est la quantité d'hectolitres ? Si l'hectolitre de blé vaut 21 fr. 50, quelle est la valeur de la récolte ?

PROBLÈME III. — Une personne achète une propriété de $2^{ha} 80^a 50^m$, à raison de 70 fr. l'are. Elle a déjà donné 12.500 francs. Que doit-elle encore ?

### DESSIN

**Croquis.** — Les élèves de huitième feront seulement trois exercices de la planche VI, deux dans une première page et le troisième, beaucoup plus grand, dans une autre page, avec deux cadres différents.

**Mise au net.** — Marquer à vue les coins des deux cadres et des rectangles intérieurs ; tracer au crayon et à la règle ces rectangles ; indiquer les points de division, d'abord à vue, puis corriger avec le double-décimètre ; achever les constructions et passer à l'encre à l'aide de la règle. Les hachures seront faites à main levée. On reservera sur chaque exercice une partie sans hachures avec les traits de construction en pointillé, afin d'indiquer la marche suivie.

---

## CLASSE DE SEPTIÈME

### GÉOMÉTRIE

**Leçon**. — Exercices analogues à ceux qui viennent d'être cités.

**Devoir**. — Les élèves de septième feront sur copie les problèmes I et II ; ils ajouteront les deux suivants :

PROBLÈME IV. — Dans le premier et le troisième exercice de la planche VI, calculer les surfaces couvertes de hachures. (Remarquer que dans le premier, la plupart des bandes couvertes de hachures valent 4 demi-carrés, ayant un centimètre de côté ; d'autres valent 3 demi-carrés et les plus petites divisions sont équivalentes à un demi-carré.)

PROBLÈME V. — Les quatre murs d'une pièce rectangulaire, ayant 6$^m$,40 de long sur 4$^m$,80 de large et 3 mètres de hauteur, ont été recouverts avec des rouleaux de papier peint ayant 1$^m$,50 de long sur 0$^m$,40 de large, sauf une porte et deux fenêtres ayant 2 mètres de hauteur sur 1$^m$,20 de largeur. On demande : 1° la surface totale des quatre murs ; 2° la surface recouverte de papier ; 3° la surface d'un rouleau de papier ; 4° le nombre de rouleaux ; 5° la dépense totale si le rouleau coûte 1 fr. 75 et si la main-d'œuvre revient à 0 fr. 15 par mètre carré.

### DESSIN

**Croquis**. — Il convient de faire le croquis complet sur deux pages différentes renfermant chacune deux exercices, afin de ne pas embrouiller les constructions. Si une leçon d'une heure ne suffit pas pour ce croquis, on reprendra, dans une leçon suivante, au point où on en est resté. La mise au net suivra la même marche.

Le croquis devra toujours être fait entièrement à main levée et renfermer toutes les écritures et toutes les cotes.

**Mise au net**. — Construire exactement le cadre avec ses divisions et les rectangles intérieurs à l'aide du double-décimètre, de la règle et de l'équerre.

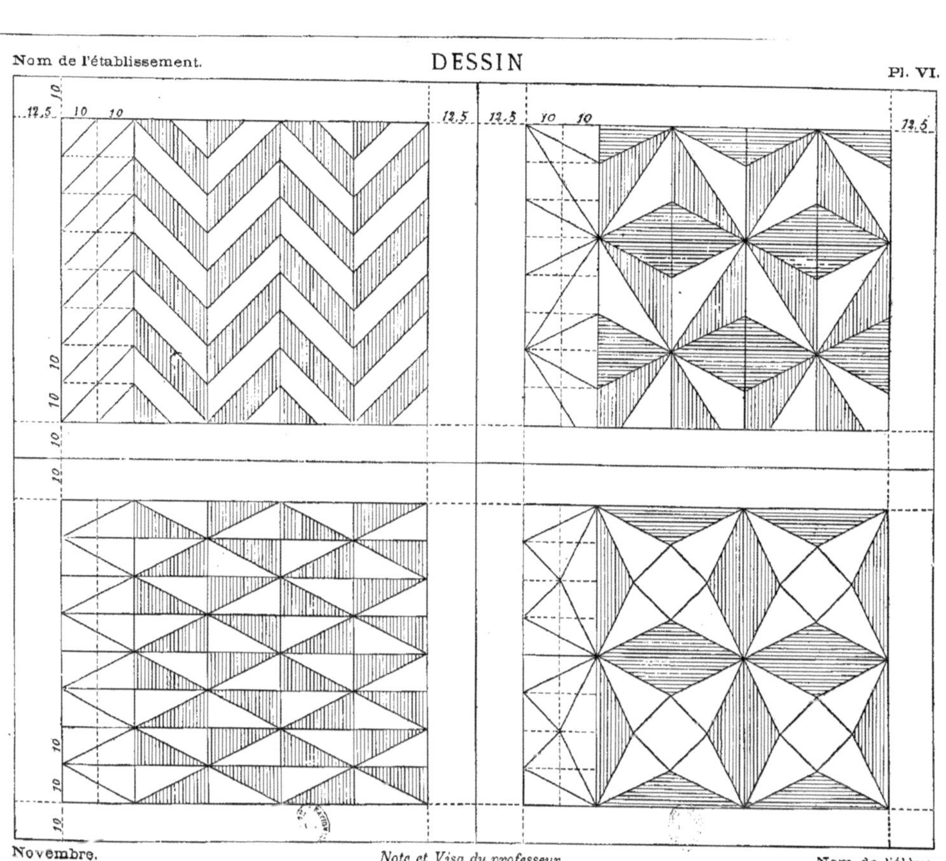

Novembre.                    *Note et Visa du professeur.*                    Nom de l'élève.

# PLANCHE VII

## CLASSE DE NEUVIÈME

### DESSIN

La planche VII est une planche théorique. Les jeunes élèves de neuvième n'auront pas à copier les lettres ni les nombres de degrés; mais ils ne manqueront pas de remarquer comment on désigne un angle et comment on l'évalue. Ce sera une préparation pour leurs études ultérieures. Le professeur pourra, d'ailleurs, énoncer les nombres de degrés et de minutes en faisant remarquer les notations adoptées.

**Croquis.** — Tracer le cadre; diviser à vue les quatre côtés chacun en quatre parties égales; mener des horizontales et des verticales de manière à obtenir seize petits casiers égaux, puis construire successivement toutes les figures.

**Mise au net.** — Recommencer la planche dans le même ordre, au crayon, puis à la plume.

## CLASSE DE HUITIÈME

### GÉOMÉTRIE

**Leçon.** — Cette leçon a pour but de faire envisager l'angle comme une grandeur mathématique, capable d'augmenter ou de diminuer, et d'indiquer les positions respectives que peuvent occuper plusieurs angles.

Le professeur emploiera très utilement deux règles, une grande et une petite, telles que cette dernière soit reliée au milieu de l'autre par une petite tige autour de laquelle elle puisse tourner. Ces deux règles formeraient des angles de grandeur quelconque. Les élèves seraient exercés à reproduire au tableau ces différents angles. Dans une autre leçon, on s'occupera de la mesure et de la construction des angles à l'aide d'un instrument appelé *rapporteur*.

Lorsque deux droites se rencontrent, elles forment une figure appelée *angle*. Le point de rencontre est le *sommet* de l'angle. Les droites s'appellent *côtés*. On dit que deux rues, deux murs, etc., se rencontrent *sous un certain angle*.

On désigne généralement un angle par trois lettres, en énonçant la lettre du sommet entre les deux autres. Exemple, l'angle BAC.

La grandeur d'un angle ne dépend pas de la longueur des côtés, mais



de leur écartement. Ainsi le deuxième angle est visiblement plus petit que le premier; les deux suivants sont beaucoup plus grands.

Deux angles qui ont la même ouverture sont *égaux*, quelle que soit la longueur des côtés.

Si l'on divise un angle en deux parties égales au moyen d'une droite passant par le sommet, cette droite s'appelle *bissectrice*. La droite EI est bissectrice de l'angle DEF.

Le quatrième angle GKH a été d'abord divisé en deux parties égales au moyen de la bissectrice KI, puis les deux moitiés ont été elles-mêmes divisées en deux parties égales au moyen des bissectrices KM et KL.

Lorsque deux angles ont un côté et le sommet communs, ils sont dits *adjacents*. Exemple, les deux angles DFG et GFE. Il n'est pas nécessaire que les côtés non communs soient en ligne droite comme cela a lieu pour DF et FE. Ainsi, dans la figure suivante, les angles KMN et RMN sont adjacents.

Si l'on trace une oblique quelconque MN sur une droite HK, on forme deux angles inégaux, KMN $<$ HMN; si l'on suppose que la droite MN tourne de droite à gauche de manière à occuper des positions successives telles que MR, MO, MS, etc., on voit que l'angle de droite, qui était d'abord plus petit que celui de gauche, devient bientôt plus grand. Il y a nécessairement une position de la droite MN où les deux angles sont égaux. Cette position est indiquée par la ligne MP, qui est une *perpendiculaire* sur HK. Les deux angles PMH et PMK s'appellent *droits*. Leur somme est égale à la somme de tous les angles formés au point M, ce qui fait dire que *la somme de tous les angles formés autour d'un point, du même côté d'une droite, est égale à deux droits.*

Ainsi, une droite est perpendiculaire sur une autre quand elle forme avec celle-ci deux angles droits, et réciproquement, un angle est droit quand il est formé par deux droites perpendiculaires l'une sur l'autre. L'angle droit a une grandeur bien déterminée; c'est celui que l'on rencontre le plus souvent dans les arts et les constructions de toute espèce, par exemple, dans une planchette, une porte, une fenêtre, un plafond, etc.

Les carrés et les rectangles renferment quatre angles droits.

Si l'on considère un coin d'une règle carrée, d'une caisse, d'une salle rectangulaire, on voit trois angles droits ayant le sommet commun.

Voici deux énoncés qui sont la conséquence de ce qui précède :

1° *En un point d'une droite, on peut toujours élever une perpendiculaire et on n'en peut élever qu'une seule;*

2° *D'un point pris hors d'une droite, on peut toujours abaisser une perpendiculaire sur cette droite et on n'en peut abaisser qu'une seule.*

Tout angle plus petit qu'un droit est dit *aigu ;* tout angle plus grand est dit *obtus.* Les deux premiers angles de la planche sont aigus; les deux autres sont obtus. Dans une *équerre* de dessinateur il y a un angle droit et deux angles aigus.

La rencontre d'une verticale et d'une horizontale forme un angle droit. Exemple, VXZ, ABC et ABD; mais deux droites peuvent être perpendiculaires l'une sur l'autre sans être ni verticales ni horizontales. Exemple, EF et GH.

L'angle droit ABC de la 8e figure a été divisé en deux parties égales au moyen d'une bissectrice ; son adjacent ABD a été divisé en trois parties égales au moyen de deux lignes droites.

Plusieurs droites issues d'un point O, dans des directions quelconques, forment un faisceau d'angles généralement inégaux. Si l'on prolonge une de ces droites, AO, par exemple, on sait que la somme des angles formés de chaque côté est égale à deux droits, ce qui fait quatre droits pour la somme totale ; de là, l'énoncé suivant : *la somme de tous les angles formés autour d'un point est égale à quatre droits.*

La figure suivante représente deux angles adjacents dont la somme est plus petite qu'un droit : MNP $+$ PMQ $<$ 1er.

Les deux droites AOB et DOC forment quatre angles *opposés par le sommet* deux à deux, c'est-à-dire tels que les côtés de l'un sont le prolongement des côtés de l'autre. Ainsi les angles AOD et COB, AOC et DOB sont opposés par le sommet.

Les deux angles EFG et GFH, dont la somme est égale à un droit, sont dits *complémentaires.* EFG est le complément de GFH, et réciproquement, GFH est le complément de EFG.

Les deux angles KLM et MLN, dont la somme est égale à deux droits, sont dits *supplémentaires.* KLM est le supplément de MLN, et réciproquement, MLN est le supplément de KLM. La ligne PL est une perpendiculaire sur KN.

On peut énoncer les deux axiomes suivants :

*Deux angles qui sont compléments d'un même angle sont égaux.*

*Deux angles qui sont suppléments d'un même angle sont égaux.*

Les angles R, S et T ont les côtés parallèles et dirigés dans le même sens; ils sont égaux.

Les angles VUX et VYX ont les côtés respectivement perpendiculaires, c'est-à-dire que UV est perpendiculaire sur VY et UX sur XY; l'angle VUX est obtus et l'angle VYZ est aigu. Ces deux angles sont supplémentaires.

Plusieurs angles portent entre leurs côtés un nombre exprimant leur valeur en *degrés* et *minutes.* Les degrés sont indiqués par un petit *o* placé en haut et à droite des nombres ; les minutes, par un accent placé de la même manière. Exemple : les deux angles opposés par le sommet valent chacun 68 degrés 30 minutes, ce qui est indiqué par 68° 30′.

Nous étudierons cette notation particulière en parlant du rapporteur.

**Devoir**. — Les élèves devront savoir de mémoire ce qui a été dit dans la leçon; ils auront pris note de tous les mots soulignés qu'ils reproduiront sur copie à côté des figures correspondantes, faites à main levée.

### DESSIN

**Croquis**. — Tracer au crayon, à main levée, le cadre, les casiers et, successivement, toutes les figures, en ajoutant les lettres qui désignent ces figures, les nombres de degrés et de minutes, ainsi que les courbes en pointillé tracées dans les angles.

**Mise au net**. — Tracer au crayon et à l'encre, à l'aide de la règle, les carrés et les angles, puis ajouter, à main levée, les courbes pointillées, les lettres et la valeur des angles en degrés et minutes.

Pour la première fois, les élèves de huitième auront à mettre des lettres et des cotes sur des figures. Ils devront considérer ce travail comme un exercice sérieux de dessin et y apporter beaucoup d'attention. Les lettres seront toutes de même grandeur, bien placées et bien verticales. Les chiffres seront aussi très soignés; ils contourneront, sans les toucher, les lignes pointillées. Quant à ces dernières, qui indiquent tout particulièrement l'ouverture des angles, elles seront faites à main levée.

Dans les angles divisés par une bissectrice, il faudra d'abord tracer la courbe, puis marquer le milieu pour y faire passer cette bissectrice.

### CLASSE DE SEPTIÈME
#### GÉOMÉTRIE

**Leçon**. — On répétera les définitions et les exercices précédents.

**Devoir**. — Au devoir précédent on ajoutera trois exemples d'angles droit, aigu et obtus, empruntés à la nature ou à des objets divers.

### DESSIN

**Croquis**. — Mêmes observations que pour la classe de huitième.

**Mise au net**. — Après avoir construit le cadre et les seize casiers de la même grandeur que sur le modèle, les élèves devront reproduire, à vue, tous les angles, qu'ils apprendront bientôt à mesurer avec le rapporteur.

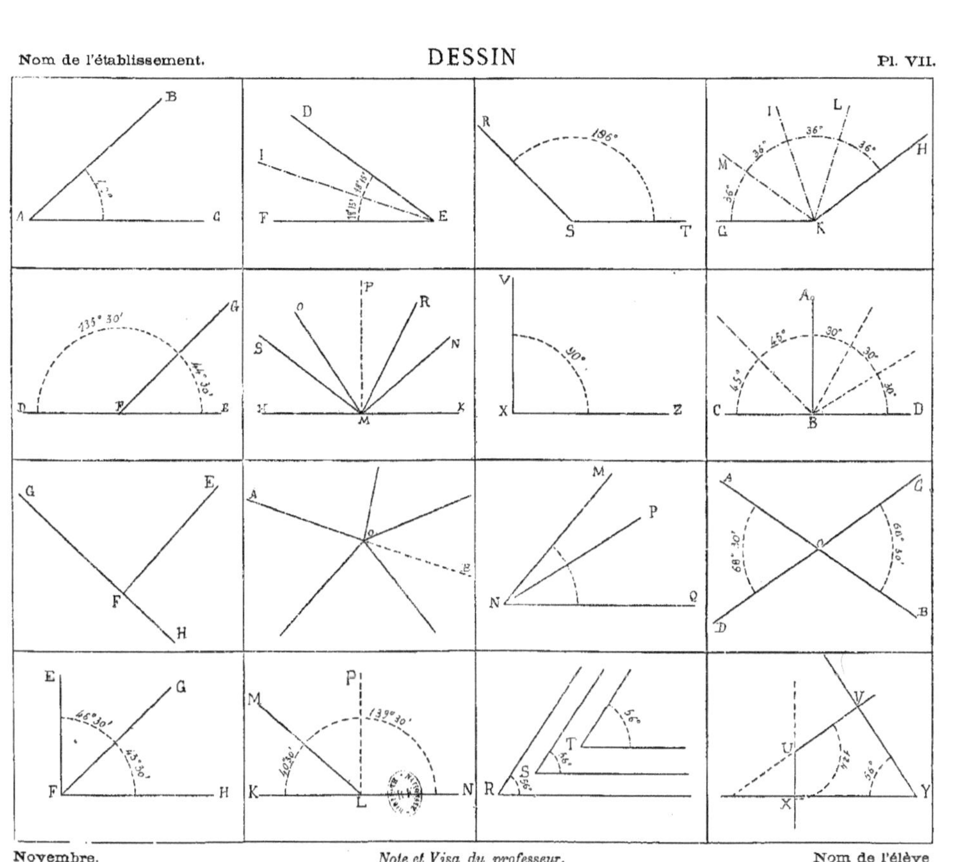

# PLANCHE VIII



## CLASSE DE NEUVIÈME

### DESSIN

La planche VIII est encore une planche théorique; c'est la suite naturelle de la précédente. Après avoir étudié la figure formée par deux lignes d'inclinaison quelconque, on arrive à celle formée par trois lignes et trois angles, qu'on appelle *triangle*.

**Croquis**. — Former 16 casiers, comme dans la planche précédente, et construire successivement : un triangle ayant les trois côtés inégaux; un triangle ayant les trois côtés égaux; un triangle ayant deux côtés égaux; un triangle ayant un angle formé par une verticale et une horizontale; un triangle ayant un angle très grand sur le côté horizontal; un triangle ayant un angle très grand opposé au côté horizontal; un triangle quelconque avec trois lignes pointillées, issues des trois angles, telles qu'elles deviennent l'une et l'autre verticales si l'on place successivement les trois côtés dans le sens horizontal (faire tourner le cahier); un triangle avec un grand angle sur le côté horizontal et une verticale pointillée issue de l'angle opposé; un triangle quelconque contenant trois lignes pointillées qui divisent sensiblement chacun des trois angles en deux parties égales et se rencontrent en un même point; un triangle quelconque contenant trois lignes pointillées allant de chaque angle au milieu du côté opposé et se rencontrant au même point; un triangle quelconque contenant trois lignes pointillées qui partent des milieux des trois côtés, se rencontrent au même point et sont verticales par rapport aux trois côtés; un triangle ayant deux côtés égaux et contenant une ligne pointillée, issue de l'angle formé par ces deux côtés, et se dirigeant vers le milieu du côté opposé (remarquer que cette ligne divise l'angle en deux parties égales et qu'elle est verticale par rapport au côté opposé); un triangle ayant les trois côtés égaux, contenant trois lignes pointillées, issues des trois angles, se dirigeant vers les milieux des côtés et se rencontrant en un même point; quatre triangles quelconques reposant sur le même côté horizontal et ayant les sommets sur une parallèle à ce côté; trois triangles, placés l'un dans l'autre, ayant les côtés parallèles et équidistants; un triangle avec un côté prolongé et une parallèle à un autre côté.

**Mise au net**. — Le tracé des triangles dans les conditions imposées pour la position et la longueur des côtés présentera nécessairement quelques difficultés; il y aura, de la part des élèves, de l'incertitude et des tâtonnements. Pour faciliter leur tâche, ils devront, après avoir tracé les casiers, indiquer les sommets des triangles par des points susceptibles d'être déplacés facilement, puis construire ces triangles.

Les pointillés seront formés de petits traits réguliers et équidistants, et non pas de traits allongés en pointe comme des virgules.

## CLASSE DE HUITIÈME

### GÉOMÉTRIE

**Leçon**. — Pour cette leçon, le professeur aura une collection de triangles en carton ou en gros fil de fer; les diverses lignes pointillées seront indiquées par des traits ou des fils coloriés.

Une figure fermée, obtenue au moyen de lignes droites ou courbes, s'appelle *polygone*. Les lignes s'appellent *côtés* du polygone. Si ces côtés sont courbes, le polygone est *curviligne*; s'ils sont droits, le polygone est *rectiligne*; s'il y a des côtés droits et des côtés courbes, le polygone est *mixtiligne*.

Le rectangle et le carré sont des polygones particuliers.

Un polygone a autant d'angles ou *sommets* que de côtés.

Le plus simple des polygones est formé de trois côtés et de trois angles et s'appelle *triangle*. Il est impossible, en effet, de construire une figure rectiligne fermée sans avoir au moins trois lignes.

Le côté sur lequel paraît reposer le triangle s'appelle ordinairement *base*; mais on peut prendre un côté quelconque pour base.

Nous allons étudier toutes les variétés de triangles ainsi que les lignes qui s'y rapportent. Dans une prochaine leçon, nous nous occuperons de quelques autres polygones.

Nous suivons l'ordre indiqué sur la planche VIII.

Un triangle qui a les trois côtés inégaux s'appelle triangle *scalène*. Exemple, le triangle ABC.

Un triangle qui a les trois côtés égaux est *équilatéral*. Exemple, le triangle DEF.

Un triangle qui a deux côtés égaux est *isocèle*. Exemple, le triangle GHK.

Un triangle qui a un angle droit est *rectangle*. Exemple, le triangle LMN. Le côté LN, opposé à l'angle droit, s'appelle *hypoténuse*.

Au point de vue des angles, on distingue encore le triangle *obtusangle*, qui a un angle obtus, comme OPQ, RST, et le triangle *acutangle*, qui a tous ses angles aigus, comme ABC.

Si l'on abaisse une perpendiculaire sur la base d'un triangle, depuis le sommet opposé, cette perpendiculaire est la *hauteur* du triangle. Si l'on abaisse trois perpendiculaires sur les trois côtés d'un triangle depuis les sommets opposés, elles se rencontrent au même point ; elles peuvent être prises l'une ou l'autre pour la hauteur du triangle, à condition que le côté correspondant soit pris pour base. Il peut arriver que la perpendiculaire abaissée du sommet d'un triangle sur la base tombe sur le prolongement de cette base ; elle n'en est pas moins la hauteur du triangle. Exemple, la hauteur GL du triangle GHK.

Si l'on mène les trois bissectrices des trois angles d'un triangle, elles doivent se rencontrer en un même point. Exemple, les bissectrices MO, NQ et PR du triangle MNP.

Toute ligne qui joint un sommet d'un triangle au milieu du côté opposé est une *médiane* de ce triangle. Les trois médianes d'un triangle se rencontrent au même point. Exemple, SV, TX et UZ, médianes du triangle STU.

Si l'on élève trois perpendiculaires au milieu des trois côtés d'un triangle, elles se rencontrent au même point. Exemple, DI, perpendiculaire au milieu de BC ; FI, perpendiculaire au milieu de BA ; EI, perpendiculaire au milieu de AC.

Ainsi, dans un triangle, on peut mener quatre groupes de chacun trois lignes qui se rencontrent au même point, des hauteurs, des bissectrices, des médianes et des perpendiculaires au milieu des côtés.

Quand le triangle est scalène, ces quatre points d'intersection sont distincts l'un de l'autre.

Dans le triangle isocèle GHK, la perpendiculaire GM, abaissée du point de rencontre des côtés égaux sur le côté opposé, est en même temps hauteur, bissectrice, médiane et perpendiculaire au milieu de la base.

Dans le triangle équilatéral LRS, les quatre groupes dont nous venons de parler n'en forment plus qu'un : les lignes LP, SO, RQ sont hauteurs, bissectrices, médianes et perpendiculaires au milieu des côtés.

On peut imaginer une série de triangles ayant même base et même hauteur sans être égaux, c'est-à-dire sans être superposables l'un sur l'autre. Par exemple, si l'on mène une parallèle à la base d'un triangle, et si l'on joint les extrémités de la base à des points quelconques de cette parallèle, on a des triangles ayant même base et même hauteur.

Nous verrons plus tard que ces triangles sont *équivalents*, c'est-à-dire qu'ils ont même surface. Les triangles ABC, $A_1BC$, $A_2BC$ et $A_3BC$ ont même base BC et même hauteur AD ; ils sont équivalents.

Plusieurs triangles ayant respectivement les côtés parallèles sont *semblables* sans être *égaux* ni *équivalents*. Ils ont d'ailleurs les angles égaux et, à cause de cela, sont appelés *équiangles*. Exemple, les triangles ABC, abc, a'b'c' (l'accent se prononce *prime* : on dit a prime, b prime, c prime).

Dans le triangle quelconque GHL, on prolonge la base HL d'une grandeur quelconque ; on mène, par le sommet L, la droite LN parallèle à GH ; on obtient, au point L, trois angles qui sont respectivement égaux aux trois angles du triangle : GLH appartient au triangle, GLN = LGH et NLM = GHL. Or nous avons dit, dans la leçon précédente, que la somme de tous les angles formés en un point du même côté d'une droite, est égale à deux droits. Nous pouvons donc énoncer maintenant cette propriété remarquable : *la somme des trois angles d'un triangle est égale à deux droits*.

**Devoir.** — Les élèves apprendront de mémoire la leçon précédente ; ils reproduiront sur copie tous les mots soulignés et les figures à main levée. Ils s'exerceront à construire les divers triangles.

### DESSIN

**Croquis.** — Tracer les figures avec les lignes pointillées et les lettres.

**Mise au net.** — Indiquer, à vue, par des points, les sommets de tous les triangles ; vérifier avec le double-décimètre les longueurs des côtés et faire des corrections jusqu'à ce que les figures soient conformes aux énoncés. Tracer ensuite à la règle.

## CLASSE DE SEPTIÈME

### GÉOMÉTRIE

**Leçon.** — Même leçon que pour la classe précédente.

**Devoir.** — Outre le devoir déjà indiqué, on pourra exiger que les élèves de septième apportent chacun une collection de triangles en carton découpé de la grandeur du modèle.

### DESSIN

**Croquis.** — Ajouter les écritures qui entourent le cadre.

**Mise au net.** — Construire exactement et en vraie grandeur toutes les figures avec les lignes pointillées et les lettres.

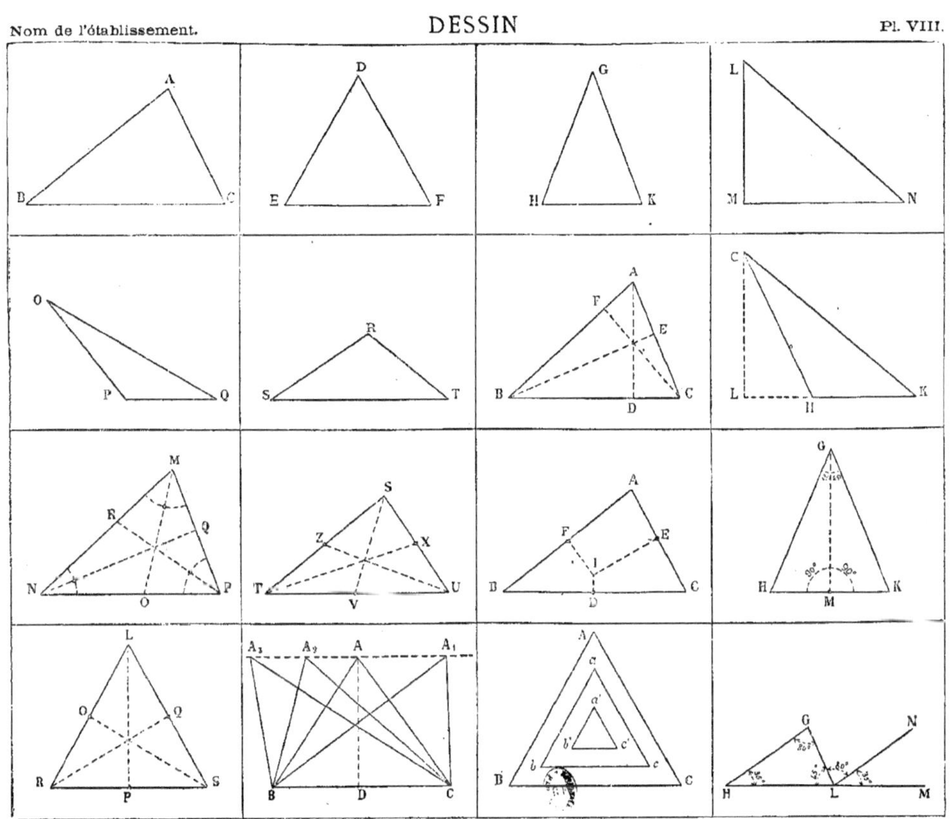

# PLANCHE IX

## DESSIN

La planche IX renferme des lettres de différentes formes, employées dans le dessin. Nous avons dit, dès le début (Pl. I), quelle grande importance on devait attacher à la bonne exécution des écritures, qui forment le décor extérieur des planches. Il faut habituer de bonne heure les élèves à bien soigner ces écritures. C'est, d'ailleurs, un véritable exercice de dessin d'ornement en même temps que de dessin géométrique. En effet, les lettres majuscules sont presque entièrement formées d'angles droits, d'angles aigus et d'angles obtus, tandis que les minuscules présentent les courbes les plus variées. Tout élève qui saura faire convenablement ces lettres sera capable de dessiner des courbes et des ornements quelconques.

Les élèves de neuvième n'exécuteront que les deux alphabets de majuscules. Les élèves de huitième feront toute la planche, et, dès à présent, placeront sur leurs dessins toutes les écritures qui s'y trouvent. Quant aux élèves de septième, qui sont déjà exercés à ce travail, ils n'auront qu'à s'appliquer de plus en plus et à tâcher de reproduire bien exactement tous les détails de la planche.

**Croquis.** — Les deux alphabets de majuscules, le premier en lettres *grasses*, le second en lettres *maigres*, s'obtiennent entièrement avec la lettre H, formée, dans le premier cas, de 4 traits verticaux et d'un trait horizontal au milieu, dans le second cas, de 2 traits verticaux et d'un trait horizontal. Il faudra donc tracer un certain nombre de fois la lettre H en *pointillé*, puis en déduire la forme de toutes les autres lettres, en arrondissant quelques angles et en traçant quelques obliques exactement déterminées. Les lettres M, I et les lettres doubles forment une exception, très facile, d'ailleurs, à traiter.

Ce procédé ingénieux pour faire, à main levée, des lettres majuscules ayant une forme suffisamment élégante, ne manquera pas d'intéresser les enfants et de produire d'excellents résultats.

**Mise au net.** — Diviser le cadre en 4 casiers égaux ; tracer, au milieu de chacun d'eux, 3 horizontales équidistantes en pointillé, puis une série de verticales équidistantes, limitées par ces horizontales ; chercher ensuite la forme de chaque lettre.

A. BOUQUERET.

## GÉOMÉTRIE

**Leçon.** — Pour cette leçon, le professeur aura un rapporteur de grande dimension en bois évidé. Après en avoir fait la description, il s'en servira pour mesurer des angles aigus et obtus, placés dans toutes les positions possibles, pour construire un angle égal à un angle donné et pour construire des angles de grandeur donnée.

Les élèves feront les mêmes exercices au tableau noir.

Il faudra ensuite tracer au tableau plusieurs droites et des points dans différentes positions, et exercer les élèves à apprécier les angles que l'on obtiendrait en joignant ces points aux extrémités des droites. On vérifiera de suite.

Ce dernier exercice peut être ainsi énoncé : *apprécier sous quel angle on voit une droite donnée d'un point donné.*

Voilà donc 4 exercices différents à faire à l'aide du rapporteur.

Nous avons vu que l'angle droit a une forme bien déterminée et qu'il ne varie jamais de grandeur, tandis que les angles aigus et obtus peuvent varier à l'infini. Pour mesurer l'angle droit, on a placé à son sommet la pointe d'un compas et l'on a décrit un cercle avec une ouverture quelconque. On a remarqué que le quart du cercle était contenu exactement entre les côtés de l'angle. On est alors convenu de diviser le cercle tout entier en 360 parties égales appelées *degrés*, et de dire que l'angle droit valait le quart de 360 degrés ou 90 degrés.

Il résulte de là que tout angle aigu a moins de 90 degrés et que tout angle obtus a plus de 90 degrés. Un angle obtus étant toujours compris entre un droit et deux droits, sa valeur est comprise entre 90 degrés et le double de 90 degrés, ou 180 degrés.

De plus, on a divisé chaque degré en 60 *minutes* et chaque minute en 60 *secondes*, de sorte qu'un angle droit vaut $90 \times 60 = 5400$ minutes et $90 \times 60 \times 60 = 324000$ secondes.

On indique les degrés par un petit o placé à droite et en haut des chiffres, les minutes, par un accent aigu et les secondes, par deux accents aigus, placés de la même manière. Ainsi, pour désigner un angle aigu de 48 degrés 25 minutes 36 secondes, on écrira 48° 25′ 36″.

Le degré étant la 360ᵉ partie d'un cercle décrit avec une ouverture de compas quelconque, n'est pas une unité fixe, comme le mètre ou le gramme, par exemple ; car il est essentiellement variable de grandeur. Dans le contour d'une pièce de 50 centimes, il y a 360 degrés, aussi bien que dans un grand cercle qui ferait le tour de la terre.

Pour mesurer et rapporter des angles, on se sert d'un instrument particulier appelé *rapporteur*. C'est un demi-cercle en corne ou en cuivre, divisé en 180 degrés et représentant, par conséquent, la valeur de deux angles droits adjacents qui auraient leur sommet au centre du cercle. Il porte deux graduations en sens inverse, l'une de droite à gauche, pour mesurer les angles qui ont leur ouverture tournée vers la droite, comme le premier et le troisième angles de la planche VII, l'autre, de gauche à droite, pour mesurer les angles qui ont leur ouverture tournée vers la gauche, comme le deuxième et le quatrième angles de la même planche.

Le contour gradué du rapporteur s'appelle *limbe ;* sa base porte en son milieu une petite entaille, qui est le *centre* du limbe, c'est-à-dire, l'endroit où il faudrait mettre une pointe d'un compas pour faire décrire le demi-cercle par l'autre pointe.

Pour mesurer un angle avec le rapporteur, on place le centre au sommet de l'angle et la base sur un côté ; on remarque alors sur quelle division passe l'autre côté, en ayant soin de prendre la graduation qui convient. C'est ainsi qu'on a trouvé la valeur des angles de la planche VII.

Le rapporteur peut encore servir à résoudre deux problèmes très intéressants :

1° *Construire en un point d'une droite un angle égal à un angle donné ;*

2° *Construire en un point d'une droite un angle de grandeur donnée.*

Dans le premier cas, on commence par mesurer l'angle donné, puis on place la base du rapporteur sur la droite, le centre au point donné ; on indique alors un point vis-à-vis du nombre de degrés du premier angle, et l'on joint ce point au centre.

Dans le second cas, on place le rapporteur comme il vient d'être dit ; on indique le nombre donné de degrés et l'on trace l'autre côté de l'angle.

**Devoir**. — 1° Rapporter sur copie 4 angles aigus et 4 angles obtus de grandeur et de position variables, avec leur valeur en degrés et minutes inscrite entre les côtés ;

2° Construire 3 angles aigus ayant respectivement 22° 30', 45° et 67° 30', c'est-à-dire, 1/4, 1/2 et 3/4 d'un angle droit ; puis trois angles obtus ayant respectivement 112° 30', 135° et 157° 30', c'est-à-dire, 5/4, 6/4 et 7/4 d'un angle droit ;

3° Construire 2 angles adjacents ayant, l'un 30°, l'autre 60°, puis 3 angles au même point ayant respectivement 30°, 60° et 90°.

## DESSIN

**Croquis.** — Ajouter aux deux alphabets de lettres majuscules les deux alphabets de minuscules et les chiffres, en traçant, dans chaque casier, des parallèles en pointillé, de manière à envelopper chaque lettre ou chiffre par quatre lignes droites.

Les petites lettres droites sont des *romaines*, et celles qui sont penchées, des *italiques*.

**Mise au net.** — Tracer les majuscules à la règle, les minuscules et les chiffres à main levée, en observant attentivement tous les détails de construction.

### CLASSE DE SEPTIÈME

## GÉOMÉTRIE

**Leçon.** — Nombreux exercices à l'aide du rapporteur. Faire remarquer que cet instrument ne permet pas d'évaluer des angles à une minute près, mais seulement à un degré ou un demi-degré près. Ce n'est donc pas un instrument de grande précision.

**Devoir.** — Au devoir déjà indiqué, les élèves de septième ajouteront le dessin au compas et à la règle d'un rapporteur, avec une seule graduation de 10° en 10°.

## DESSIN

**Croquis.** — Mêmes observations que pour les classes précédentes.

**Mise au net.** — On reproduira les lettres en vraie grandeur.

Dans le premier alphabet, chaque lettre a 20ᵐᵐ de hauteur sur 15 de largeur, avec des intervalles de 5ᵐᵐ ; dans le deuxième, 12 sur 8, avec des intervalles de 3 ; dans le troisième et le quatrième, 6 sur 4, avec des intervalles de 2. Les chiffres ont 6 sur 4, avec des intervalles de 2. Les lettres bouclées en haut ou en bas ont une hauteur double des autres.

HABCDE MPORW

FGJKLN TUVXYZ

EFHLTNVZ　　racesnomn　bdgjqpyhl

AKXYBCDG　　acenorsuvxi　bdfgh jkpqyl

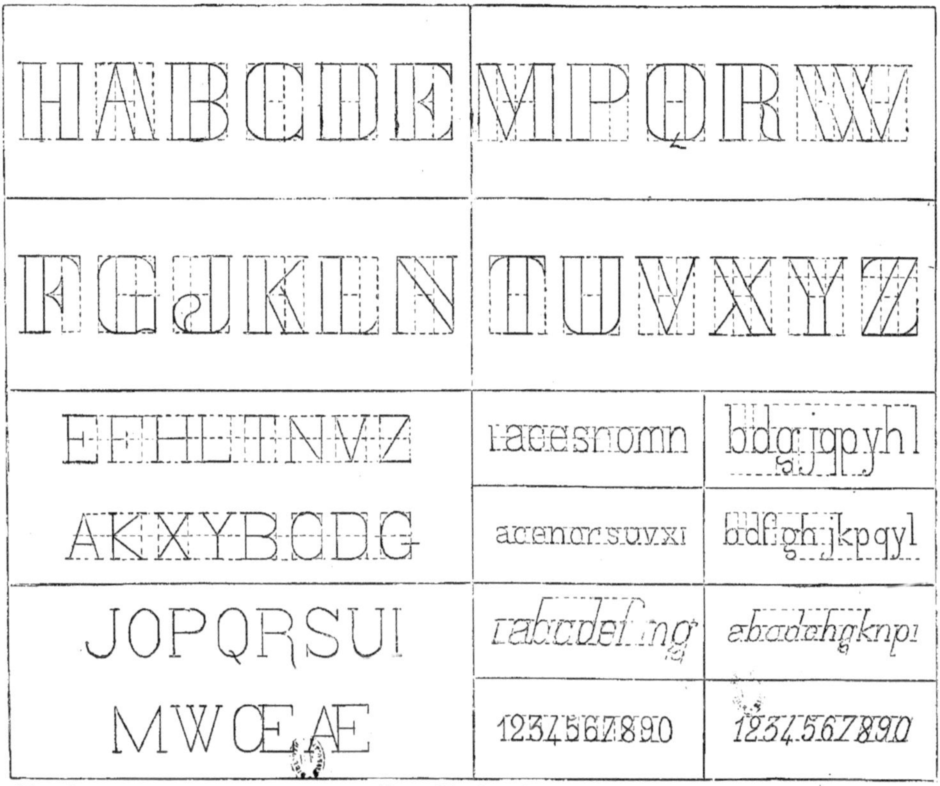

JOPQRSUI　　rabcdefng　abcdahgknpi

MWŒÆ　　1234567890　　1234567890

# PLANCHE X

CLASSE DE NEUVIÈME

### DESSIN

La planche X est à moitié théorique et à moitié pratique. Elle renferme divers polygones et deux applications, qui sont deux carrelages ou deux ouvrages en marqueterie. Dans ces derniers, on a combiné des hachures simples ou croisées avec des parties en blanc, afin de donner l'aspect d'objets en relief, ou d'indiquer que ces objets se composent de matériaux, marbre, bois, terre cuite ou métal, de diverses couleurs.

Les élèves de neuvième construiront les polygones sur une première page, en marquant, au préalable, les sommets de chacun d'eux par des points et en supprimant les lettres et les cotes; ils construiront ensuite une des deux applications sur une deuxième page.

**Croquis.** — Tracer le cadre; le diviser en deux casiers rectangulaires égaux et construire les polygones en suivant l'ordre indiqué.

Sur le verso suivant, tracer le cadre, en mettant toujours les sommets à deux centimètres environ des bords de la feuille; tracer, dans ce cadre, un rectangle en plaçant les sommets à un centimètre environ des côtés du cadre; diviser les deux longueurs en dix et les deux largeurs en huit parties égales; mener, en pointillé, des parallèles aux côtés, de manière à former $10 \times 8 = 80$ carrés; tracer en trait plein les horizontales, les verticales et les diagonales des carrés qui sont indiquées sur le modèle; faire des hachures espacées d'environ un millimètre.

**Mise au net.** — Suivre l'ordre du croquis.

CLASSE DE HUITIÈME

### GÉOMÉTRIE

**Leçon.** — Avec quatre bâtonnets égaux et articulés, le professeur pourra former un carré ou un losange; avec quatre bâtonnets égaux deux à deux, il obtiendra un rectangle ou un parallélogramme; avec des bâtonnets ou des cartons de différentes grandeurs, il représentera des polygones quelconques, égaux, semblables ou équivalents.

Le polygone qui vient après le triangle est le *quadrilatère*, qui a quatre côtés. Nous connaissons déjà deux quadrilatères, le rectangle et le carré; il y en a d'autres.



Un quadrilatère qui a ses côtés opposés parallèles, est un *parallélogramme*. Exemple : ABCD. La *base* est le côté DC, et la *hauteur*, la perpendiculaire AE, menée entre deux côtés parallèles.

Dans le cas particulier où les quatre côtés d'un parallélogramme sont égaux, il prend le nom de *losange*. Nous avons déjà représenté des losanges dans les planches I et III.

Si des sommets A et B du parallélogramme ABCD, on abaisse des perpendiculaires AE et BF sur la base et sur son prolongement, on obtient un rectangle ABFE, qui est équivalent au parallélogramme. En effet, d'une part, on a supprimé le petit triangle ADE; d'autre part, on a ajouté un triangle égal BCF.

Cette transformation du parallélogramme en un rectangle ayant même base et même hauteur nous conduit à la règle suivante :

*Pour avoir la surface d'un parallélogramme, il faut multiplier la base par la hauteur.*

Si nous supposons que la base DC $= 19^{mm}$ et la hauteur AE $= 17^{mm}$, la surface du parallélogramme est donnée par :

$$19 \times 17 = 323^{mmq}.$$

On peut décomposer un parallélogramme en deux triangles égaux ayant même base et même hauteur que ce parallélogramme, au moyen d'une *diagonale*. Exemple, le parallélogramme GHKL, décomposé par la diagonale LH en *deux triangles égaux*, GLH et HLK, le premier ayant pour base GH et pour hauteur LM, le second ayant pour base LK et pour hauteur HP.

Cette décomposition nous conduit à la règle suivante :

*Pour avoir la surface d'un triangle, on multiplie la base par la hauteur et l'on prend la moitié du produit.*

Si nous supposons que la base LK $= 29^{cm}$ et la hauteur PH $= 17^{cm}$, la surface du triangle HLK est exprimée par :

$$\frac{29 \times 17}{2} = 246^{cmq}, 50^{mmq}.$$

Un quadrilatère qui a deux côtés parallèles et inégaux s'appelle *trapèze*. Le quadrilatère RSTV, qui a deux côtés parallèles et inégaux, RS et VT, est un trapèze. Ces côtés sont les *bases* du trapèze; leur distance, mesurée par la perpendiculaire RX, en est la *hauteur*.

Si l'on prend le milieu O du côté ST et si l'on joint au sommet R en continuant jusqu'à la rencontre de la base VT prolongée, on forme un triangle RVZ qui est équivalent au trapèze. En effet, on peut enlever au trapèze le petit triangle RSO pour le remplacer par le triangle égal TZO sans changer la surface, et de cette manière, la petite base RS du trapèze se trouve reportée suivant TZ. Or, nous savons que la surface du triangle RVZ est égale à la moitié du produit de la base par la hauteur ou :

$$\frac{(\mathrm{VT} + \mathrm{TZ}) \times \mathrm{RX}}{2};$$

donc il en sera de même pour le trapèze, c'est-à-dire que *sa surface s'obtiendra en additionnant les deux bases, en multipliant par la hauteur et en prenant la moitié du produit.*

Si nous supposons que la grande base VT $= 34^m$, la petite base RS $= 20^m,5$ et la hauteur RX $= 17^m$, la surface du trapèze sera :

$$\frac{(34 + 20,5) \times 17}{2} = \frac{54,5 \times 17}{2} = 463^{mq}, 25^{dmq}.$$

Outre les quadrilatères particuliers que nous venons de passer en revue, il y a celui qui est formé par quatre droites quelconques, sans condition d'égalité ou de parallélisme. Exemple, le quadrilatère ABCD, décomposé en deux triangles quelconques par la diagonale AC.

Après le quadrilatère, viennent le polygone de 5 côtés, appelé *pentagone*; celui de 6 côtés, appelé *hexagone*; celui de 7 côtés, appelé *heptagone*; celui de 8 côtés, appelé *octogone*; celui de 10 côtés, appelé *décagone* et celui de 12 côtés, appelé *dodécagone*. Il y en a évidemment un grand nombre d'autres, mais qui n'ont pas de noms particuliers; on les désigne simplement par le nombre des côtés.

Lorsqu'un polygone a tous ses angles *sortants* et qu'il ne peut être coupé en plus de deux points par une ligne droite, il est *convexe*. Le pentagone EFGHK, coupé en deux points par la droite MN, est convexe.

Lorsqu'un polygone a des angles sortants et des angles *rentrants* et qu'il peut être coupé en plus de deux points par une droite, il est appelé *concave*. L'hexagone ABCDEF, rencontré en quatre points par la droite GH, est concave.

Quand les côtés et les angles d'un polygone sont inégaux, il est *irrégulier;* quand les côtés et les angles sont égaux, il est *régulier.* Exemple, l'heptagone irrégulier KLMNOPQ et l'octogone régulier ABCDEFGH.

Le carré, et le triangle équilatéral sont des polygones réguliers. Le rectangle, qui a ses angles égaux sans avoir ses côtés égaux, et le losange, qui a ses côtés égaux sans avoir ses angles égaux, sont des polygones irréguliers.

L'heptagone irrégulier a été décomposé en triangles par des diagonales issues du sommet K. Il faut remarquer qu'il y a autant de triangles que de côtés moins deux et autant de diagonales que de côtés moins trois. Cette remarque s'applique à tous les polygones.

Les autres figures représentent : deux rectangles *égaux,* quatre hexagones réguliers *semblables* et deux figures *équivalentes.* Ces dernières sont, en effet, décomposables en un même nombre de petits carrés égaux.

**Devoir.** — Apprendre de mémoire les définitions et les règles ; reproduire sur copie les mots soulignés et les figures correspondantes.

## DESSIN

**Croquis.** — Construire les différents polygones avec ordre, en ajoutant les lettres et les hachures, puis les deux dessins d'applications. Placer les écritures romaines aux quatre coins du cadre et le titre principal en lettres majuscules.

Pour construire les polygones réguliers, on indique d'abord les *centres;* on trace les lignes pointillées en faisant des angles sensiblement égaux. A partir des centres, on porte, sur ces lignes, des longueurs égales, puis l'on joint les points obtenus.

**Mise au net.** — Suivre l'ordre du croquis.

### CLASSE DE SEPTIÈME
### GÉOMÉTRIE

**Leçon.** — Même leçon qu'en huitième. Représentation au tableau de polygones formés avec des bâtonnets ou découpés en carton.

**Devoir.** — Au devoir précédent, les élèves de septième ajouteront les formules suivantes, qui expriment respectivement la surface du parallélogramme, celle du triangle et celle du trapèze :

$$\mathrm{S} = b \times h$$
$$\mathrm{S} = \frac{b \times h}{2}$$
$$\mathrm{S} = \frac{(\mathrm{B} + b) \times h}{2}$$

## DESSIN

**Croquis.** — Mêmes observations que pour les classes précédentes.

**Mise au net.** — Les deux dessins d'applications seront exécutés en vraie grandeur avec toute la précision possible ; mais les figures géométriques ne seront point copiées. Les élèves en construiront d'autres, à leur gré, à la seule condition qu'elles soient conformes aux définitions données dans la leçon de géométrie.

# DESSIN



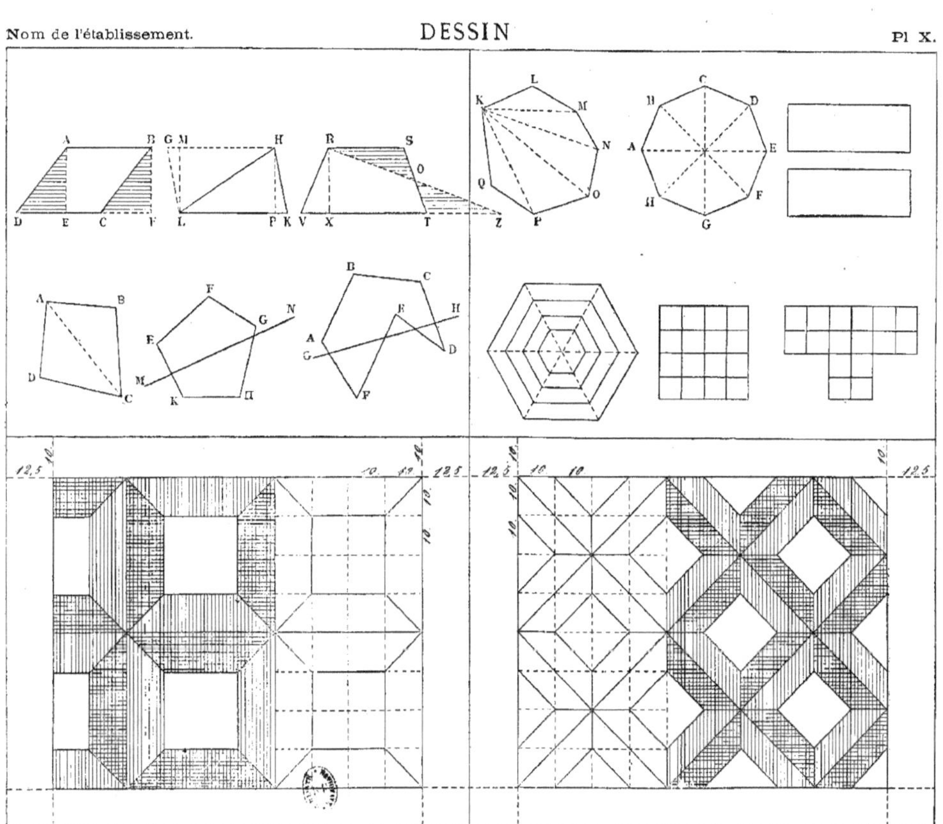



*Note et Visa du professeur.*

Nom de l'élève.

# PLANCHE XI

## CLASSE DE NEUVIÈME

### DESSIN

La planche XI est une planche d'applications, composée de droites verticales et horizontales, de diagonales de carrés et d'obliques diverses, disposées symétriquement et formant des motifs de décoration ou de marqueterie.

Les élèves de neuvième feront le premier et le troisième exercice; ceux de huitième et de septième feront toute la planche.

**Croquis.** — Tracer le cadre et le diviser en deux parties égales; dans chaque moitié, construire un grand rectangle ayant la longueur égale à environ une fois et demie la largeur, et diviser ces deux dimensions respectivement en 12 et 8 parties égales; par les points de division, indiqués sur les quatre côtés de chaque rectangle, mener des parallèles en pointillé à ces côtés, de manière à former $12 \times 8 = 96$ petits carrés égaux; tracer ensuite les traits pleins et les étoiles en consultant le modèle. Dans le 3e exercice, tracer d'abord les grandes lignes qui forment un losange entier et deux demi-losanges, puis les parallèles à ces lignes et enfin les étoiles.

**Mise au net.** — Répéter les constructions précédentes au crayon et à main levée, puis passer à l'encre ordinaire les traits pleins et les gros points ronds du 3e exercice; enlever le crayon avec la gomme élastique.

## CLASSE DE HUITIÈME

### GÉOMÉTRIE

**Leçon.** — Après les exercices au rapporteur indiqués précédemment, on demandera aux élèves d'apprécier *sous quel angle* ils voient une droite quelconque de l'espace, telle qu'une arête de meuble, une règle tenue à une certaine distance, etc.

A cet effet, ils devront fermer un œil et supposer que deux droites partent de l'œil resté ouvert pour joindre les extrémités des lignes données.

La vérification des angles sera généralement impossible. Le professeur se contentera de rectifier les appréciations qui lui paraîtront tout à fait exagérées ou trop faibles.



Les élèves ne manqueront pas de remarquer qu'une ligne paraît de moins en moins longue au fur et à mesure qu'elle s'éloigne, c'est-à-dire que l'angle sous lequel on la voit diminue de plus en plus.

Après cet exercice, qui aura une utilité incontestable, et sur lequel il faudra revenir plus tard pour la perspective, on s'occupera des opérations sur les nombres de degrés et de minutes.

Nous avons dit que l'unité employée pour la mesure des angles est le degré; que le degré se divise en 60 minutes et la minute en 60 secondes. Ajoutons que la seconde se divise en dixièmes et en centièmes.

Les nombres de degrés, minutes et secondes ne sont donc pas soumis au système décimal, ce qui rend leur emploi assez incommode dans les calculs. Il en est de même des nombres qui servent à la mesure du temps en années, mois, jours, heures, minutes et secondes. Tous ces nombres particuliers s'appellent *nombres complexes*.

ADDITION DES NOMBRES COMPLEXES. — Pour additionner des nombres complexes, on réunit les unités de même espèce en commençant par les plus petites et en extrayant des totaux, au fur et à mesure, les unités plus élevées.

Soit proposé de trouver la somme de deux angles ayant $36° 48' 52''$ et $24° 35' 28''$.

$$52'' + 28'' = 80'' \text{ ou } 1' 20''$$
$$48' + 35' + 1' = 84' \text{ ou } 1° 24'$$
$$36° + 24° + 1° = 61°$$

Le total demandé est $61° 24' 20''$.

Soit encore proposé d'additionner les 2 angles suivants :

$$A = 72° 38' 42'', 7$$
$$B = 51° 46' 29'', 5$$
$$A + B = 123° 84' 71'', 12$$
$$\text{ou } 124° 25' 12'', 2$$

SOUSTRACTION DES NOMBRES COMPLEXES. — Pour faire la soustraction des nombres complexes, on retranche séparément les unités de même espèce les unes des autres en faisant, au besoin, des emprunts pour que les parties du plus grand nombre soient toujours plus grandes que les parties correspondantes du petit.

Soit proposé de faire la soustraction de deux angles ayant :

$$68° 15' 6'' \text{ et } 45° 36' 58''$$

Comme les nombres de minutes et de secondes du grand nombre sont plus petits que leurs correspondants du petit nombre, on emprunte une minute à 15′ pour en faire 60″ et un degré à 68° pour le convertir en 60′, puis on fait la soustraction par le procédé ordinaire :

$$68° \ 15′ \ 6″ = 67° \ 74′ \ 66″$$
$$45° \ 36′ \ 58″$$
$$\text{Différence} = 22° \ 38′ \ \ 8″$$

Soit proposé de trouver le complément d'un angle de 51° 33′ 10″,4 et le supplément d'un angle de 120° 17′ 40″,8.

On sait que le complément d'un angle est ce qui lui manque pour faire un droit ou 90°, et le supplément, ce qui manque pour faire deux droits ou 180°. Il faut donc retrancher le premier nombre de 90° et le second de 180°. On disposera les deux opérations de la manière suivante :

$$90° = 89° \ 59′ \ 59″,10$$
$$51° \ 33′ \ 10″, \ 4$$
$$\text{Différence} = 38° \ 26′ \ 49″, \ 6$$

$$180° = 179° \ 59′ \ 59″,10$$
$$120° \ 17′ \ 40″, \ 8$$
$$\text{Différence} = 59° \ 42′ \ 19″, \ 2$$

**Devoir**. — Résoudre sur copie les problèmes suivants :

Problème I. — Convertir en minutes, puis en secondes 22° 1/2, 30°, 45°, 60°, 67° 1/2, 90°, 180° et 360°.

Problème II. — Combien de secondes dans 56° 13′ 20″ et dans 135° 6″?

Problème III. — Combien de minutes et de degrés dans 1296000″ et dans 348625″?

Problème IV. — Sachant qu'un grand cercle qui ferait le tour de la terre en passant par les pôles (un méridien) aurait une longueur de 40 000 000 de mètres, on demande la longueur en mètres, puis en kilomètres d'un degré, d'une minute et d'une seconde terrestres.

## DESSIN

**Croquis.** — Tracer le cadre et le diviser en quatre casiers égaux ; dans chaque casier, construire un grand rectangle ayant la longueur égale à environ une fois et demie la largeur ; diviser la longueur en 12 et la largeur en 8 parties égales, et construire en pointillé, dans chaque rectangle, excepté dans le second, $12 \times 8 = 96$ petits carrés égaux ; tracer les traits pleins et les étoiles.

Dans le 2° exercice, après avoir marqué tous les points de division, tracer 3 verticales en pointillé par les points 3, 6 et 9, puis une horizontale par le point 4 ; mener ensuite les diagonales du rectangle, les obliques (3,6), (9,6), (3,2) et (9,2), issues des grands côtés, puis d'autres parallèles par les points 2 et 10, pris sur ces grands côtés. Ajouter les écritures extérieures au cadre.

**Mise au net.** — Tracer au crayon, puis à l'encre, à l'aide de la règle : le cadre avec ses quatre grandes divisions, les grands rectangles, le quadrillé, les traits pleins et les étoiles. Ajouter les écritures.

Pour tracer les écritures extérieures au cadre, on mènera d'abord des parallèles au crayon afin de leur donner la même hauteur.

Nous rappelons : 1° que les lettres romaines ont 2 millimètres de hauteur, excepté $b, d, f, p$, etc., qui ont 4 millimètres, et qu'elles sont placées à 4ᵐᵐ du cadre, commençant ou se terminant exactement vis-à-vis des sommets des quatre angles du cadre ; 2° que les majuscules ont 6ᵐᵐ de hauteur, 4ᵐᵐ de largeur avec des intervalles de 2ᵐᵐ, excepté I, qui n'a pas de largeur et M, qui a 6ᵐᵐ, et qu'elles sont placées à 6ᵐᵐ au-dessus du cadre. Celles-ci sont faites à peu près entièrement à la règle et les autres à main levée. Les unes comme les autres sont formées d'un trait simple sans aucun ornement.

## CLASSE DE SEPTIÈME

### GÉOMÉTRIE

**Leçon.** — Exercices analogues à ceux qui ont été donnés dans la classe de huitième.

**Devoir.** — Les élèves de septième feront le devoir donné plus haut ; ils devront, en outre, indiquer, sur la planche VII, la valeur des angles qui n'ont pas été mesurés, en observant que, dans la 6ᵉ figure, la somme des angles situés autour du point M doit être égale à deux droits ou 180° et que, dans la 10ᵉ figure, la somme des angles situés autour du point O doit être égale à 4 droits ou 360°.

### DESSIN

**Croquis.** — Mêmes observations que pour la classe de huitième.

**Mise au net.** — La planche sera faite en vraie grandeur : cadre de 250ᵐᵐ sur 200, divisé en 4 casiers égaux ; rectangles intérieurs ayant 96 sur 64 ; petits carrés en pointillé ayant 8 de côté.

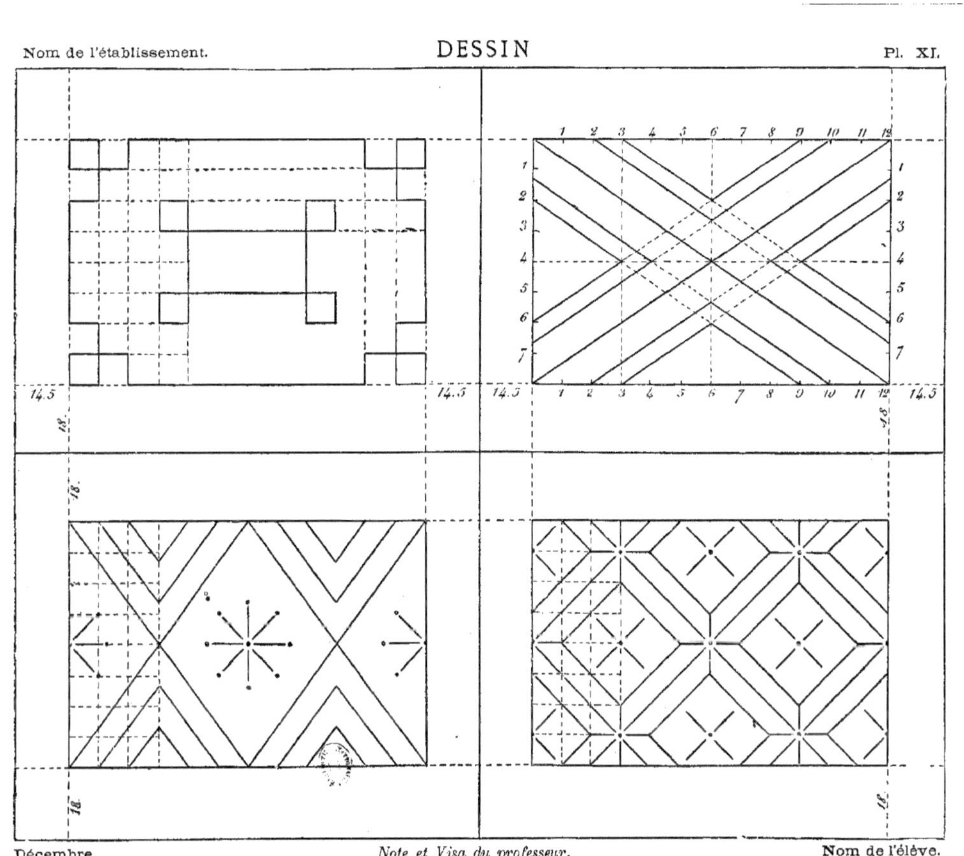


Décembre.     *Note et Visa du professeur.*     Nom de l'élève.

# PLANCHE XII

CLASSE DE NEUVIÈME

## DESSIN

La planche XII renferme trois applications des polygones réguliers et une application des polygones irréguliers au carrelage : la première, formée de carrés et d'octogones réguliers ; la deuxième, obtenue avec des triangles équilatéraux ; la troisième, avec des hexagones réguliers, et la quatrième, avec des losanges. Ces polygones peuvent être en terre cuite, en marbre, en bois, ou en faïence de diverses couleurs. Des hachures simples ou croisées indiquent la combinaison des couleurs. Une partie de chaque exercice renferme les lignes de construction en pointillé et les polygones en trait continu, sans hachures, afin qu'on voie clairement la méthode suivie pour le tracé.

Les élèves de neuvième feront deux exercices sur la même page ; ceux de huitième en feront deux sur une première page, et le troisième, beaucoup plus grand, sur une autre page ; ceux de septième reproduiront la planche en entier et en vraie grandeur.

Cette planche présentera des difficultés d'exécution assez sérieuses. Aussi ne faudra-t-il pas espérer une grande précision dans les deux premières classes, qui sont dépourvues de compas, mais se contenter d'une simple approximation dans les tracés. Les élèves de septième devront faire des constructions rigoureusement exactes.

**Croquis.** — Diviser le cadre en 2 parties égales et construire 2 rectangles dont la longueur soit environ 1/3 plus grande que la largeur.

Dans le premier rectangle, construire 12 grands carrés en pointillé, au moyen de parallèles aux côtés ; à partir de chaque sommet et sur tous les côtés, prendre une longueur qui soit égale au quart environ d'un côté et joindre deux à deux les points ainsi obtenus, en consultant le modèle.

Dans le deuxième rectangle, diviser la base inférieure en 10 parties égales et chacune des hauteurs en 9 parties égales. Ces dernières divisions sont égales entre elles, mais elles sont un peu plus petites que les précédentes. Joindre les points 1, 2, 3, 4 de la base successivement aux points 2, 4, 6, 8 de la hauteur, puis mener des parallèles dans les deux directions indiquées, de manière à avoir, sur la base supérieure, 9 divisions entières, égales à celles de la base inférieure, et deux demi-divisions.



On obtient ainsi des losanges, qu'il faut ensuite décomposer en triangles au moyen de droites horizontales.

Pour faciliter le tracé des obliques parallèles, il sera avantageux de diviser l'horizontale 8-8 en 10 parties égales comme la base.

**Mise au net.** — Mêmes observations que pour le croquis.

------

CLASSE DE HUITIÈME

## GÉOMÉTRIE

**Leçon.** — Multiplication des nombres complexes. — Pour faire la multiplication d'un nombre complexe par un nombre de nature différente, on convertit le premier en ses plus petites unités et l'on opère comme avec des nombres ordinaires.

Soit proposé de trouver en mètres la longueur d'un arc de $25°17'23''$ dans lequel un degré vaut $0^m,01$.

$$25° = 60' \times 25 = 1.500' = 60'' \times 1.500 = 90.000'',$$
$$17' = 60'' \times 17 = 1.020'',$$
$$25°17'23'' = 90.000'' + 1.020'' + 23'' = 91.043''.$$

Si un arc de $1°$ vaut $0^m,01$, un arc de $1'$ vaut 60 fois moins ou

$$\frac{0,01}{60},$$

un arc de $1''$ vaut encore 60 fois moins ou

$$\frac{0,01}{60 \times 60}$$

et un arc de $91.043''$ vaut $91.043$ fois plus ou

$$\frac{0,01 \times 91.043}{60 \times 60} = 0^m,253 \text{ à un millimètre près.}$$

Remarque 1. — Il n'y a pas lieu de s'occuper de la multiplication de 2 nombres complexes l'un par l'autre, parce qu'on ne rencontre pas cette opération dans les problèmes. Dans tous les cas, si elle était nécessaire, on réduirait les 2 nombres en la plus petite unité énoncée et l'on opérerait comme avec des nombres quelconques.

Remarque II. — Il y a des cas où l'on pourrait se dispenser de convertir un nombre complexe en ses plus petites unités pour le multiplier par un autre.

Soit proposé de tripler un angle de 52° 36′ 29″,6.

On dispose l'opération de la manière suivante :

$$
\begin{array}{r}
52° \quad 36′ \; 29″, \; 6 \\
3 \\
\hline
156° \; 108′ \; 87″, \; 18 \\
157° \quad 49′ \, 28″, \; 8
\end{array}
$$

ou

Division des nombres complexes. — Pour faire la division de deux nombres complexes, on les réduit l'un et l'autre en la plus petite unité énoncée et l'on opère comme avec des nombres ordinaires. Dans le cas particulier où le quotient doit être lui-même un nombre complexe, on doit déterminer, au fur et à mesure, les diverses unités du quotient, en commençant par les plus élevées et en transformant les restes successifs en unités de plus en plus faibles. Enfin, dans le cas particulier où les divisions successives de toutes les parties du nombre complexe par le diviseur seraient exactes, il serait encore inutile de faire la conversion, comme, par exemple, si l'on avait à prendre le quart d'un angle ayant 80° 36′ 24″.

1° Soit proposé de calculer la longueur d'une circonférence dans laquelle un arc de 34° 15′ 28″ vaut 1 $^m$,30.

Il faut d'abord convertir le nombre complexe donné, ainsi que le nombre 360°, qui représente la circonférence entière, en secondes.

$$360° = 21600′ = 1296000″$$
$$34° = 2040′ = 122400″$$
$$15′ = \qquad\quad 900″$$
$$34° 15′ 28″ = 122400″ + 900″ + 28″ = 123328″$$

Si $\quad 122328″ = 1^m,5$

$$1″ = \frac{1,5}{123328}$$

et $\quad 1296000″ = \dfrac{1,5 \times 1296000}{123328} = 15^m,763.$

**Devoir**. — Les élèves rapporteront sur copie les problèmes suivants avec toutes les opérations.

Problème I. — Multiplier un arc de 6° 25′ 32″,6 successivement par les nombres 2, 3, 4, 5 et 10.

Problème II. — On demande la longueur en mètres, décimètres et centimètres d'un arc de 238° 4′ 13″, sachant qu'un arc de 1° vaut 0$^m$,50.

Problème III. — On demande la longueur en mètres, décimètres et centimètres d'arcs ayant 30°, 45°, 90°, 270°, 15° 40′ 18″, sachant que la circonférence entière vaut 100 mètres.

## DESSIN

**Croquis.** — Pour les deux premiers exercices, on suivra l'ordre indiqué précédemment. Pour le troisième, qui doit se trouver seul sur une page, on répétera la construction indiquée pour le tracé des losanges dans le deuxième; on construira ensuite les hexagones réguliers en consultant le modèle, puis les hachures simples et les hachures croisées.

**Mise au net.** — Les trois rectangles seront mesurés avec le double-décimètre : le premier aura 100$^{mm}$ de long sur 75 de large; le deuxième, 100 sur 78, et le troisième, qui sera seul sur une page, 150 sur 117.

Les points de division seront placés aussi exactement que possible; les polygones seront tracés à la règle et les hachures à main levée.

## CLASSE DE SEPTIÈME

### GÉOMÉTRIE

**Leçon**. — Exercices analogues aux précédents.

**Devoir.** — Les élèves de septième rapporteront sur copie les problèmes énoncés ci-dessus avec toutes les opérations; ils construiront ensuite à leur gré 3 triangles, équilatéral, isocèle et rectangle ; ils mesureront tous les angles avec le rapporteur et ils inscriront, dans chacun d'eux, les nombres de degrés, de manière que la somme des 3 angles de chaque triangle soit toujours égale à 180° ou 2 droits.

## DESSIN

**Croquis**. — Diviser le cadre en 4 casiers égaux et construire d'abord les 3 premiers exercices comme il vient d'être dit, puis ajouter le quatrième en divisant les 2 longueurs du rectangle en 10 et les 2 largeurs en 7 parties, dont 6 égales entre elles et une autre un peu plus petite; tracer ensuite les obliques en suivant le modèle.

**Mise au net**. — Reproduire le modèle en entier, aussi exactement que possible.

Nom de l'établissement. DESSIN Pl. XII.

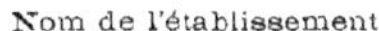

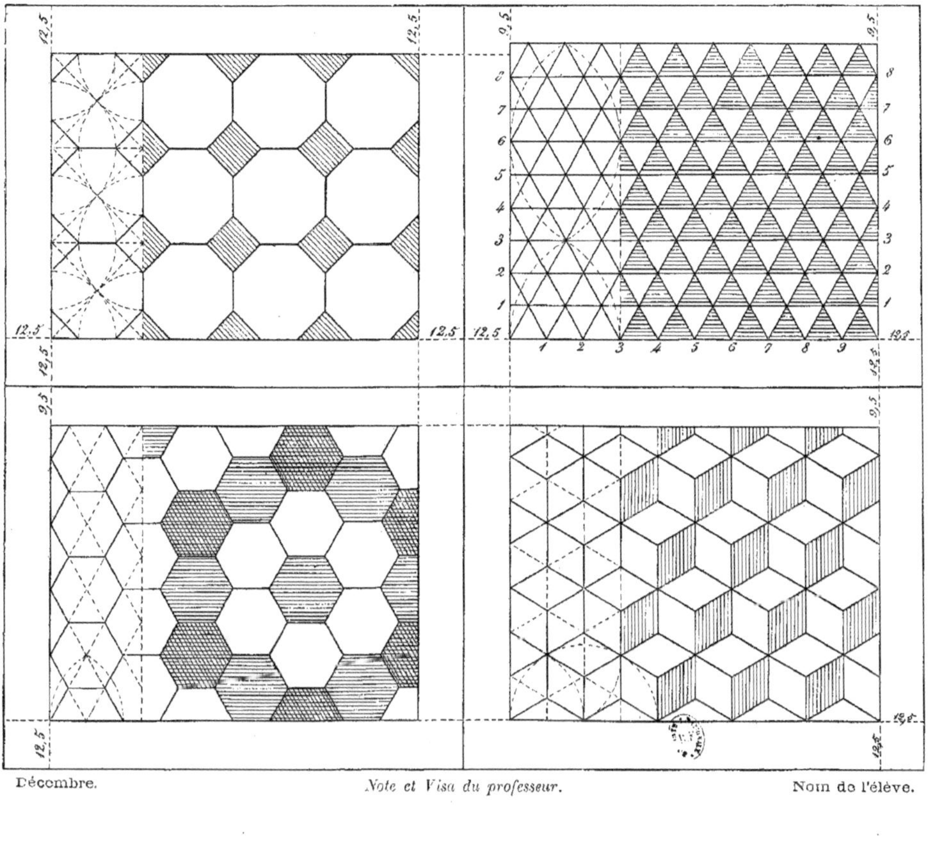


Décembre. *Note et Visa du professeur.* Nom de l'élève.

# PLANCHE XIII

## CLASSE DE NEUVIÈME

### DESSIN

La planche XIII est une planche théorique qui contient : 1° la circonférence et les lignes ou surfaces qui s'y rapportent ; 2° des polygones réguliers construits dans des circonférences ; 3° les diverses positions qu'un angle peut occuper par rapport à une circonférence ; 4° les diverses positions que peuvent occuper deux circonférences l'une par rapport à l'autre.

Les élèves de neuvième et de huitième feront douze figures ; ceux de septième feront toute la planche.

Pour tracer une circonférence à main levée, lorsque le centre est imposé, ou fait passer par ce centre plusieurs droites sur lesquelles on mesure, à vue, des longueurs sensiblement égales. On obtient ainsi un certain nombre de points, que l'on réunit d'abord par un pointillé en *cherchant la courbe*, c'est-à-dire on la faisant *tourner* d'une façon convenable. Après les corrections nécessaires, on transforme le pointillé en trait continu avec toute la précision possible, en évitant de multiplier les traits d'essai au point de rendre la construction à l'encre incertaine.

Dans le tracé du cercle à main levée, il convient de placer toujours la main du côté du centre de la courbe, de manière que le petit doigt serve de point d'appui et fasse fonction, pour ainsi dire, d'une pointe de compas. Il faut aussi avoir soin de tracer les unes au bout des autres, sans coude ni interruption, des portions de courbe, bien nettes et bien définies, en faisant glisser la main sur le papier sans la soulever.

Ces deux observations s'appliquent à toutes les courbes géométriques ou ornementales.

**Croquis.** — Diviser les longueurs du cadre en quatre et les largeurs en trois parties égales ; tracer en trait continu douze casiers égaux au moyen de parallèles aux côtés du cadre ; mener en pointillé les diagonales des casiers et, par chaque point de rencontre, une horizontale et une verticale ; mesurer, à vue, sur ces diverses lignes pointillées et à partir du centre, une longueur de deux centimètres environ, ce qui donne huit points pour chaque cercle ; enfin, tracer les cercles, les hachures et les autres constructions.

A. BOUGUERET.

**Mise au net**. — Suivre l'ordre indiqué précédemment ; tracer les pointillés au crayon, mais non pas à l'encre, et supprimer les lettres.

---

## CLASSE DE HUITIÈME

### GÉOMÉTRIE

**Leçon**. — Le professeur disposera de plusieurs cercles et polygones réguliers en fil de fer ou en carton, sur lesquels les lignes de construction seront indiquées par des fils ou des traits de différentes couleurs. Il précisera d'abord le sens des deux mots circonférence et cercle, puis il entrera dans le détail des figures en suivant l'ordre indiqué par le modèle.

Jusqu'à présent, nous avons employé indifféremment les mots *circonférence* et *cercle* pour désigner une courbe dont tous les points sont également distants d'un point intérieur, appelé *centre*. Il est cependant nécessaire d'établir une différence entre ces deux mots : la circonférence est la courbe elle-même, tandis que le cercle est l'espace compris dans cette courbe ; autrement dit, la circonférence est une ligne et le cercle est une surface. La troisième figure, qui est couverte de hachures, indique plus particulièrement un cercle.

1<sup>re</sup> Fig. — Le *diamètre* est une droite qui réunit deux points de la circonférence en passant par le centre. Ex. : AB. Il y a une infinité de diamètres dans la même circonférence ; ils sont tous égaux entre eux.

Le *rayon* est une droite qui va du centre à un point quelconque de la circonférence. Ex. : OA et OB. Un diamètre vaut deux rayons.

Un *arc* est une portion, grande ou petite, de la circonférence. Ex. : CDE, CA, AGB, etc.

Une *corde* est une droite qui joint les deux extrémités d'un arc. Ex. : CE.

La *flèche* est une petite ligne qui joint le milieu de la corde au milieu de l'arc. Ex. : DF.

2<sup>e</sup> Fig. — Une *sécante* est une droite quelconque qui coupe la circonférence en deux points. Ex. : AB et CD.

Lorsque deux sécantes sont parallèles, elles interceptent deux arcs égaux. Les arcs AC et BD sont égaux.

13

3ᵉ Fig. — Une *tangente* est une droite qui n'a qu'un point commun avec la circonférence. Ce point commun s'appelle *point de tangence* ou *point de contact*. Ex. : la droite FG, tangente en E.

Toute tangente est perpendiculaire à l'extrémité du rayon qui va au point de contact. Ex. : OE perpendiculaire sur FG.

4ᵉ Fig. — On appelle *segment* la portion de cercle comprise entre un arc et sa corde. Ex. : la surface comprise entre la corde AB et l'arc ACB.

On appelle *zone* la portion de cercle comprise entre deux cordes parallèles. Ex. : la surface comprise entre les deux cordes parallèles EF et GH.

On appelle *secteur* la portion de cercle comprise entre un arc et deux rayons. Ex. : la surface comprise entre l'arc KLM et les rayons KO et MO.

5ᵉ Fig. — Un *polygone inscrit* est celui qui est situé à l'intérieur d'une circonférence et dont tous les côtés sont des cordes.

Construire un octogone régulier inscrit en joignant les huit points qui ont servi à tracer la circonférence.

6ᵉ Fig. — Un polygone *circonscrit* est celui qui a tous ses côtés tangents à la circonférence.

Construire un carré circonscrit en menant deux diamètres perpendiculaires, puis quatre tangentes aux extrémités de ces diamètres ; construire un carré inscrit ayant ses côtés parallèles à ceux du carré circonscrit et obtenu à l'aide des diagonales de ce dernier.

7ᵉ Fig. — Construire un hexagone régulier inscrit en portant six fois le rayon sur la circonférence et en joignant les points de division ; construire ensuite un triangle équilatéral inscrit en joignant trois sommets non consécutifs de l'hexagone.

8ᵉ Fig. — Un polygone *étoilé* est celui qui a alternativement un angle sortant et un angle rentrant.

Construire un octogone étoilé en joignant de *deux en deux* les extrémités des quatre diamètres qui ont servi à tracer la circonférence, c'est-à-dire en joignant le point 1 au point 3, le point 2 au point 4, etc.

Remarque. — Les angles de l'octogone régulier ont chacun 135° ; ceux des carrés inscrit et circonscrit 90° ; ceux du triangle équilatéral 60° et ceux de l'hexagone 120°.

**Devoir**. — Les élèves mettront sur copie tous les noms soulignés avec les figures correspondantes, ainsi que les problèmes suivants :

Problème I. — On demande ce qui reste d'une circonférence sur laquelle on a pris un arc de 268° 15′ 10″ ?

Problème II. — Deux arcs placés bout à bout ont, l'un 50° 25″, l'autre 72° 17′. Quelle est la mesure du reste de la circonférence ?

Problème III. — Combien une circonférence renferme-t-elle d'arcs de 15°, de 45°, de 60°, de 90° et de 120° ?

## DESSIN

**Croquis**. — Diviser les longueurs du cadre en 4 et les largeurs en 3 parties égales ; construire 12 casiers égaux, et dans chacun d'eux mener les diagonales, puis une horizontale et une verticale ; tracer les cercles et les autres lignes.

**Mise au net**. — Pour la mise au net, on construira un rectangle ayant 160ᵐᵐ de long sur 120 de large ; on le divisera à l'aide du décimètre d'abord en douze carrés ayant 40ᵐᵐ de côté, puis chaque carré en $4 \times 4 = 16$ centimètres carrés. On indiquera ensuite tous les centres et 8 points au moins de chaque cercle ; on tracera, à main levée, les cercles et, à la règle, les autres lignes. On ne passera à l'encre que les traits continus, y compris les hachures.

---

## CLASSE DE SEPTIÈME

### GÉOMÉTRIE

**Leçon**. — Exercices analogues à ceux qui sont indiqués plus haut.

**Devoir**. — Les solutions des problèmes précédents seront complétées par des circonférences à main levée, où les arcs seront mesurés.

## DESSIN

**Croquis**. — Mêmes observations que précédemment pour le tracé à main levée des cercles. On pourra supprimer les lettres qui sont sur les figures.

**Mise au net**. — Construire la planche entière en vraie grandeur, à l'aide du compas et de la règle, en plaçant tous les centres des grands cercles aux points d'intersection des diagonales des casiers.

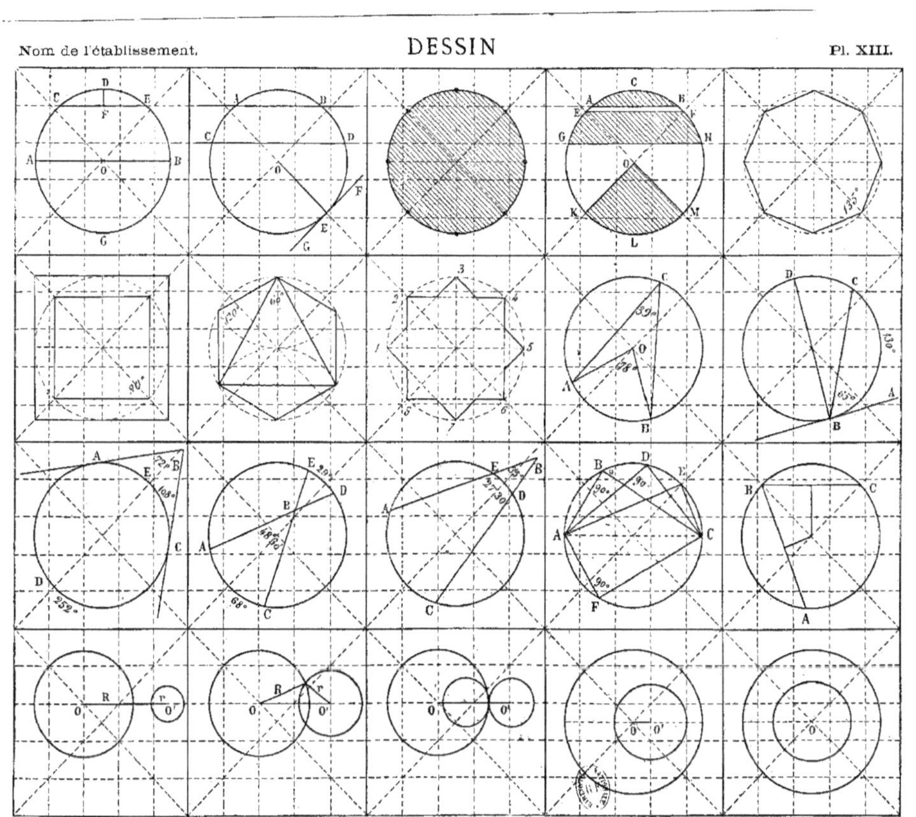

Janvier.   *Note et Visa du professeur.*   Nom del'élève.

# PLANCHE XIV



## DESSIN

La planche XIV renferme 20 exercices intéressants sur la construction des polygones réguliers, des polygones étoilés, des rosaces et des ornements simples formés de parties symétriques.

Il serait bien difficile, pour de jeunes enfants, de construire toutes ces figures dans une seule leçon et sur une seule page. On devra faire un choix. Ainsi, en neuvième, on pourrait se contenter de 8 figures (6°, 7°, 15°, 16°, 17°, 18°, 19° et 20°); dans la classe suivante, on en ferait 12 (1°, 2°, 6°, 7°, 11°, 12°, 15°, 16°, 17°, 18°, 19° et 20°); enfin, en septième, on demanderait la planche entière, en vraie grandeur.

**Croquis**. — Diviser le cadre en huit casiers égaux; tracer les diagonales de chaque casier et, à leur point d'intersection, une horizontale et une verticale; indiquer huit points pour chaque circonférence; établir le quadrillage et faire toutes les constructions.

On divise par *tâtonnement* la première circonférence (6° figure) en 5 et la deuxième (7° figure) en 6 parties égales, puis l'on joint les points de deux en deux. On obtient un pentagone et un hexagone étoilés. Pour les autres figures, on n'a qu'à consulter le modèle.

**Mise au net**. — Faire toutes les constructions au crayon et à main levée dans l'ordre qui vient d'être indiqué; passer à l'encre les traits continus et effacer les autres avec la gomme.



## GÉOMÉTRIE

**Leçon**. — Nous allons continuer l'explication des figures de la planche XIII, depuis la 9° jusqu'à la 15° inclusivement; nous achèverons dans la leçon prochaine.

Pour préparer les élèves à cette leçon, il conviendra de les exercer à

A. BOUGUERET.

apprécier en degrés la valeur d'un arc quelconque, indiqué sur une circonférence, et réciproquement, à indiquer, sur une circonférence quelconque, les extrémités d'un arc donné en degrés. La vérification sera toujours possible en plaçant le centre du rapporteur au centre du cercle et en faisant passer son diamètre par une extrémité de l'arc, l'autre extrémité de l'arc indiquant la mesure demandée.

9° Fig. — *Tout angle qui a son sommet au centre d'une circonférence a pour mesure l'arc compris entre ses côtés.*

Ainsi l'angle AOB vaut 78°, de même que l'arc AB, compris entre ses côtés.

Un angle droit qui a son sommet au centre d'une circonférence intercepte le quart de cette circonférence et vaut par conséquent le quart de 360°, c'est-à-dire 90°.

Un angle *inscrit* est celui qui a son sommet sur la circonférence et dont les côtés sont des cordes. Ex.. : ACB.

*Tout angle inscrit a pour mesure la moitié de l'arc compris entre ses côtés.*

Si, par exemple, l'arc AB vaut 78°15′, l'angle ACB vaut la moitié ou 39° 7′ 30″. (La moitié de 15′ est 7′; il reste 1′, dont la moitié est 30″.)

10° Fig. — *Tout angle formé par une corde et une tangente vaut la moitié de l'arc compris entre ses côtés.*

Si, par exemple, l'arc BC vaut 130° 25′ 48″,4, l'angle ABC vaut la moitié ou 65° 12′ 54″,2.

11° Fig. — *Tout angle formé par deux tangentes a pour mesure la moitié de la différence des deux arcs formés par les points de tangence.*

Si, par exemple, l'arc ADC vaut 252°, il en résulte que l'arc AEC vaut 360° — 252° = 108° et que l'angle ABC vaut

$$\frac{252° - 108°}{2} = \frac{144°}{2} = 72°.$$

12° Fig. — *Tout angle qui a son sommet à l'intérieur d'une circonférence, c'est-à-dire qui est formé par deux cordes, a pour mesure la moitié de la somme des arcs compris entre ses côtés et entre leurs prolongements.*

Si, par exemple, l'arc AC vaut 68° et l'arc ED 29°, l'angle ABC vaut

$$\frac{68° + 29°}{2} = \frac{97°}{2} = 48° 30′.$$

13ᵉ Fig. — *Tout angle extérieur à une circonférence*, c'est-à-dire qui est formé par deux sécantes, *a pour mesure la moitié de la différence des arcs compris entre ses côtés.*

Si, par exemple, l'arc AC vaut 97° 30' et l'arc DE 27° 30', l'angle ABC vaut

$$\frac{97° \, 30' - 27° \, 30'}{2} = \frac{70°}{2} = 35°.$$

14ᵉ Fig. — *Tout angle inscrit dans une demi-circonférence est un angle droit*, parce qu'il a pour mesure la moitié de l'autre demi-circonférence, c'est-à-dire 90°. Ainsi les angles ABC, ADC, AEC et AFC sont droits.

15ᵉ Fig. — *Faire passer une circonférence par trois points non en ligne droite*, A, B et C.

On réunit les trois points par deux lignes droites ; on élève une perpendiculaire au milieu de chacune de ces droites et l'on prend le point de rencontre des perpendiculaires comme centre de la circonférence.

**Devoir**. — Rapporter sur copie les définitions données dans la leçon avec des figures faites à main levée, sensiblement *égales* à celles du modèle et indiquant les mêmes valeurs pour les angles et les arcs. Résoudre les problèmes suivants :

PROBLÈME I. — Quelle est la valeur d'un angle inscrit dont les côtés interceptent un arc de 79° 47' 23",5 ?

PROBLÈME II. — Quelle est la valeur d'un angle formé par deux tangentes issues d'un même point et qui est tel, que l'arc intercepté vaut 146° 30' 25",3 ?

PROBLÈME III. — Quelle est la valeur d'un angle intérieur dont les côtés interceptent deux arcs, l'un de 95° 30", l'autre de 51° 12' ?

PROBLÈME IV. — Quelle est la valeur d'un angle extérieur dont les côtés interceptent deux arcs, l'un de 125° 36' 10",4, l'autre de 44° 51' 23",6 ?

## DESSIN

**Croquis**. — Diviser les longueurs du cadre en 4 et les largeurs en 3 parties égales ; former 12 casiers égaux et opérer dans chacun d'eux comme il a été dit plus haut. Les points de division des circonférences seront déterminés par le tâtonnement.

La première circonférence sera divisée d'abord en 6 parties égales, puis en 12 ; la deuxième, en 5 et en 10 ; la troisième (6ᵉ figure) et la quatrième (7ᵉ figure), comme il a été dit plus haut ; la cinquième (14ᵉ figure) en 6, et les points seront réunis deux à deux par un arc de cercle passant au centre ; la sixième (12ᵉ figure) en 12, et les points seront réunis quatre à quatre par un arc de cercle passant au centre. Pour les autres figures, on suivra attentivement le modèle.

**Mise au net**. — Construire avec le double-décimètre un cadre de 160 sur 120 et le décomposer d'abord en 12 casiers de 40 sur 40, puis en centimètres carrés ; suivre l'ordre du croquis en traçant toutes les courbes à main levée et les droites avec une règle.

Les lignes en pointillé ne seront point passées à l'encre, mais effacées avec la gomme.

Le quadrillage en centimètres carrés sera d'un grand secours pour le tracé des courbes.

---

## CLASSE DE SEPTIÈME

### GÉOMÉTRIE

**Leçon**. — Exercices analogues à ceux qui ont été indiqués aux élèves de huitième.

**Devoir**. — Rapporter sur copie les définitions données dans la leçon avec des figures à main levée, sensiblement *différentes* de celles du modèle et indiquant la valeur des angles et des arcs. Résoudre les problèmes.

### DESSIN

**Croquis**. — Diviser le cadre en vingt casiers et faire toutes les lignes à main levée en suivant la méthode indiquée précédemment.

La quatrième figure a pour but de faire voir comment on peut représenter une circonférence en plaçant dans un carré une ligne de grandeur fixe que l'on fait glisser en l'appuyant constamment sur deux côtés.

Dans les 8ᵉ, 9ᵉ et 10ᵉ figures, on joint les points de division de 3 en 3.

**Mise au net**. — Construire toutes les figures en vraie grandeur et effacer les lignes de construction.

Pour diviser la première circonférence en 12 parties égales, il suffit de placer une pointe de compas aux quatre extrémités de deux diamètres perpendiculaires et de porter à droite et à gauche une longueur égale au rayon.

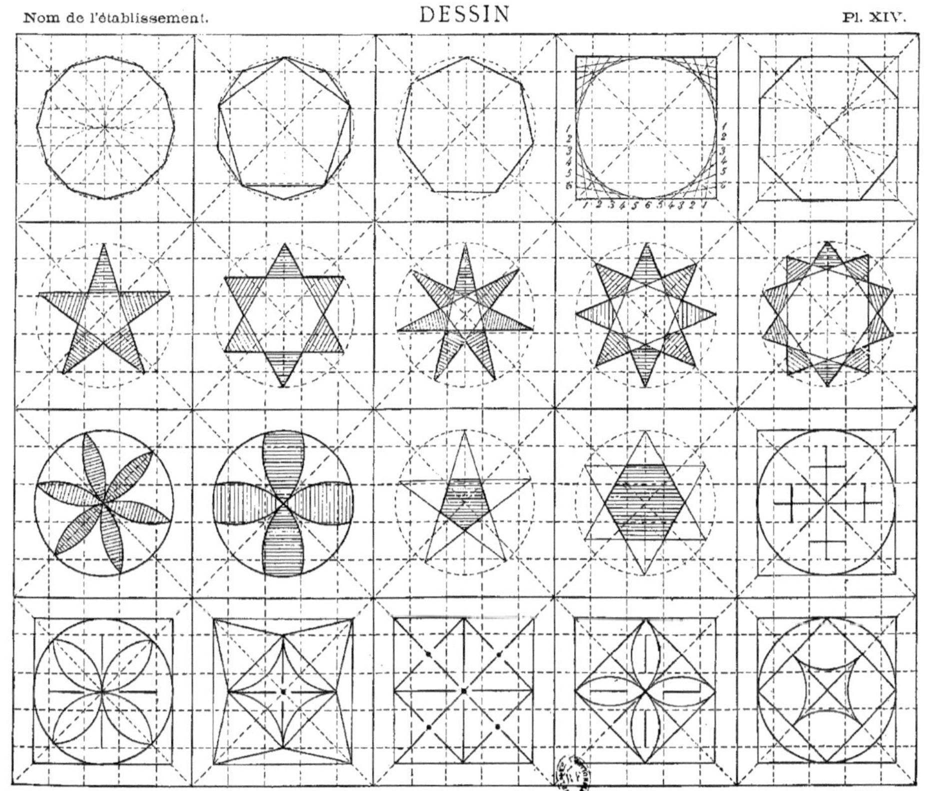

Janvier.　　　*Note et Visa du professeur.*　　　Nom de l'élève.

# PLANCHE XV

### CLASSE DE NEUVIÈME

## DESSIN

La planche XV est une planche d'applications représentant 2 grillages en fer et 2 types de carrelage, de marqueterie ou de décoration murale.

Ces divers exercices sont obtenus par des combinaisons simples de droites et d'arcs de cercle tangents deux à deux. Nous devons, à ce sujet, faire deux observations importantes.

1° *Lorsqu'une droite est tangente à un cercle ou lorsque deux cercles sont tangents entre eux, les deux lignes doivent se superposer au point de contact; si elles étaient simplement accolées l'une à l'autre, elles ne seraient point tangentes.*

2° *Dans le tracé à l'encre de dessins contenant des droites et des courbes tangentes, il est indispensable que les courbes soient tracées en premier lieu.*

Les élèves de neuvième feront deux exercices; ceux de huitième et de septième feront toute la planche.

**Croquis**. — Tracer le cadre et le diviser en 2 casiers égaux; dans chaque casier, construire un rectangle dont la longueur soit égale à une fois et demie environ la largeur; diviser les grands côtés des rectangles en 12 et les petits côtés en 8 parties égales; former un quadrillage en pointillé au moyen de verticales et d'horizontales; tracer ensuite toutes les lignes pleines en consultant le modèle.

**Mise au net**. — Suivre l'ordre du croquis.

---

### CLASSE DE HUITIÈME

## GÉOMÉTRIE

**Leçon**. — Cette leçon a pour but de faire voir les diverses positions que peuvent occuper deux circonférences l'une par rapport à l'autre. A cet effet, le professeur emploiera avantageusement deux anneaux ou deux cerceaux de rayons inégaux, qu'il tiendra d'abord éloignés, *dans un même plan*, et qu'il placera dans toutes les positions possibles.

16ᵉ FIG. — *Circonférences extérieures*. — Tracer une petite circonférence à une certaine distance de la première et joindre la *ligne des centres* O O'.



Si l'on désigne la distance des centres par D, le grand rayon par R et le petit rayon par $r$, on voit que cette distance est plus grande que la somme des rayons, ce que l'on indique de la manière suivante :

$$D > R + r.$$

17ᵉ FIG. — *Circonférences sécantes*. — Tracer une petite circonférence qui coupe la première en deux points; mener deux rayons à un des points d'intersection et la ligne des centres.

On a un triangle dans lequel la ligne des centres est plus petite que la somme des deux rayons, ce qui s'indique de la manière suivante :

$$D < R + r.$$

18ᵉ FIG. — *Circonférences tangentes extérieurement*. — Tracer une petite circonférence qui n'ait qu'un point de commun avec la première et mener la ligne des centres. On a évidemment la relation :

$$D = R + r.$$

*Circonférences tangentes intérieurement*. — Tracer une petite circonférence à l'intérieur de la grande, de manière qu'il n'y ait qu'un point de commun, et mener la ligne des centres.

On voit facilement que la distance des centres est égale au grand rayon moins le petit :

$$D = R - r.$$

19ᵉ FIG. — *Circonférences excentriques*. — Tracer une petite circonférence à l'intérieur de la grande, de manière qu'il n'y ait aucun point de rencontre et que les centres ne se confondent pas.

On voit que si l'on retranche le petit rayon du grand, il reste la distance des centres plus une petite longueur comprise entre les deux circonférences; donc cette distance est plus petite que la différence des rayons :

$$D < R - r.$$

20ᵉ FIG. — *Circonférences concentriques*. — Tracer une petite circonférence à l'intérieur de la grande, ayant le même centre. La distance des centres est nulle :

$$D = 0.$$

DIVISION DES NOMBRES COMPLEXES. (*Suite*. — Voy. Pl. XII). — 2ᵘ. Sachant qu'une somme de 100 francs doit être placée pendant 360 jours pour rapporter 5 francs d'intérêt, combien faudra-t-il de temps pour que cette même somme rapporte 17 francs ?

Autant de fois 5 francs seront contenus dans 17 francs, autant il y faudra d'années. On obtient 3 au quotient et il reste 2. On pourrait se contenter de ce résultat et dire que le temps demandé est égal à 3 années plus le cinquième de 2 années ou 2/5 d'année; mais il est préférable de convertir ces 2 années en mois et de continuer la division. 2 années font 24 mois; 24 : 5 = 4 mois, et il reste 4 mois à diviser par 5. On convertit de même les mois en jours, et l'on trouve que le cinquième de 4 mois, ou 120 jours, est de 24 jours. Donc la durée totale du placement est de 3 ans 4 mois 24 jours.

On dispose l'opération de la manière suivante :

$$\begin{array}{r|l} 17 & 5 \\ 2 & \overline{3 \text{ ans } 4 \text{ mois } 24 \text{ jours.}} \\ \times 12 \\ \hline 24 \\ 4 \\ \times 30 \\ \hline 120 \\ 0 \end{array}$$

3°. Un mobile parcourt une circonférence d'un mouvement uniforme, et décrit un arc de 15° 36′ 40″ en une heure. Combien ce mobile mettra-t-il d'heures, de minutes et de secondes pour faire un tour complet?

Autant de fois l'arc exprimé en secondes sera contenu dans la circonférence exprimée également en secondes, autant il faudra d'heures.

$$360° = 1296000'',$$
$$15° \ 36' \ 40'' = 56200''.$$

$$\text{Durée} = \frac{1296000}{56200} = 23^h \ 3^m \ 37^s.$$

On dispose l'opération de la manière suivante :

$$\begin{array}{r|l} 12960 & 562 \\ 1720 & \overline{23^h 3^m 37^s} \\ 34 \\ \times 60 \\ \hline 2040 \\ 354 \\ \times 60 \\ \hline 21240 \\ 4380 \\ 446 \end{array}$$

**Devoir**. — Rapporter sur copie les figures et les relations correspondantes; ajouter les problèmes suivants :

Problème I. — Sur une circonférence, on place bout à bout 3 arcs ayant le 1ᵉʳ, 12° 17′ 42″,3; le 2ᵉ, 250° 36″ 15′,4 et le 3ᵉ, 49° 28′ 50″,7. 1° Quel est le total obtenu; 2° que reste-t-il sur la circonférence?

Problème II. — Sur une circonférence on porte 2, 3, 4, 5 fois un arc de 12° 56′ 45″,6. Quelle est la valeur obtenue dans chaque cas?

Problème III. — On divise une circonférence en 2, 3, 4, 5, 6, 7, 8, 9, 10 arcs égaux. Quelle est la valeur de l'arc dans chaque cas ?

## DESSIN

**Croquis**. — Diviser le cadre en 4 casiers égaux; dans chaque casier, construire un rectangle dont les longueurs seront divisées en 12 et les largeurs en 8 parties égales, puis faire toutes les constructions.

**Mise au net**. — Construire avec le double-décimètre 4 rectangles égaux ayant chacun $12 \times 6 = 72^{mm}$ de long et $8 \times 6 = 48^{mm}$ de large; former le quadrillage à la règle et tracer les arcs à main levée.

---

CLASSE DE SEPTIÈME

## GÉOMÉTRIE

**Leçon**. — Exercices analogues aux précédents.
**Devoir**. — Solutions des problèmes avec figures.

## DESSIN

**Croquis**. — Suivre l'ordre indiqué pour la classe de huitième.

**Mise au net**. — Construire, dans le cadre de 250 sur 200, 4 rectangles ayant $12 \times 8 = 96$ de long sur $8 \times 8 = 64$ de large, en plaçant les sommets à $14^{mm},5$ des côtés verticaux du cadre et à $18^{mm}$ des côtés horizontaux; former le quadrillage; tracer les arcs au compas et les droites avec la règle et le tire-ligne.

18
14,5    8    8                                    14,5    14,5    8    8                              14,5
8
8
14,5                                                                                              14,5
18
18
8    8                                                    8    8
8
8
14,5                                              14,5
18                                                                                                18

# PLANCHE XVI



## DESSIN

Après le tracé de la circonférence, des polygones réguliers, des polygones étoilés et des rosaces, on peut commencer des ornements simples, formés de parties identiques, disposées symétriquement autour d'un centre ou de chaque côté d'une ligne droite. C'est dans cet ordre d'idées qu'ont été conçus les exercices de la planche XVI.

La plupart des lignes sont encore géométriques, c'est-à-dire que la forme en est déterminée et qu'elles peuvent être tracées au compas; mais il y a aussi des parties courbes qui devront être faites par imitation, avec la symétrie comme règle. Pour ces dernières, il ne sera pas nécessaire de copier servilement le modèle; il faudra surtout chercher à les faire égales entre elles et à les placer convenablement.

Cette remarque s'applique à tous les exercices d'ornement.

Les élèves de neuvième feront 4 exercices, les trois premiers et le cinquième; les autres élèves feront toute la planche.

**Croquis.** — Diviser le cadre en 4 casiers égaux; tracer un grand carré dans chaque casier, avec les diagonales; mener une horizontale et une verticale par le centre des carrés, puis construire successivement les droites et les courbes, en commençant toujours par les plus longues lignes.

**Mise au net**. — Disposer la planche comme il vient d'être dit; faire toutes les constructions au crayon et passer à l'encre les traits continus seulement.

---

### CLASSE DE HUITIÈME

## GÉOMÉTRIE

**Leçon.** — Dans cette leçon, qui a pour but de faire connaître le rapport de la circonférence au diamètre, le professeur disposera de plusieurs cercles en fil de fer rigide ou en carton et d'une série de bouts



de ficelle égaux aux diamètres des cercles. Il montrera que chaque diamètre est contenu un peu plus de 3 fois dans la circonférence correspondante. Il résoudra lui-même plusieurs problèmes numériques.

Considérons la première figure de la planche XIII, et supposons qu'on puisse enrouler le diamètre AB autour de la circonférence; ou verra que ce diamètre est contenu 3 fois sur la circonférence et qu'il y a un petit reste.

Si l'on répète cette expérience sur une circonférence quelconque, on constate que le diamètre y est toujours contenu de la même manière, ce qui fait dire qu'il y a un rapport *constant* entre une circonférence et son diamètre, c'est-à-dire que si l'on divise une circonférence quelconque par son diamètre, on obtient toujours le même quotient.

Les géomètres se sont naturellement occupés de déterminer ce quotient; ils l'ont trouvé égal à 3,1416; ils l'ont représenté par la lettre *p* grecque qui s'écrit $\pi$ et qui s'énonce *pi*.

Ainsi, le rapport de la circonférence au diamètre est $\pi = 3,1416$, ce qui signifie que toute circonférence contient son diamètre 3 fois et 1416 dix-millièmes de fois.

Cela posé, si l'on veut calculer la longueur d'une circonférence connaissant le diamètre, on n'a qu'à multiplier ce dernier par 3,1416, et, inversement, si l'on veut connaître le diamètre d'une circonférence donnée, on n'a qu'à diviser celle-ci par 3,1416.

1° Soit proposé, par exemple, de trouver la longueur d'une circonférence décrite avec un rayon égal à $0^m,15$ centimètres.

$$\text{Diamètre} = 2 \text{ rayons} = 0^m,15 \times 2 = 0^m,30.$$
$$\text{Circonférence} = 0^m,30 \times 3,1416 = 0^m,94248.$$

2° Soit à déterminer le diamètre d'une circonférence égale à $24^m,50$.

$$\text{Diamètre} = 24^m,50 : 3,1416 = 7^m,80.$$

3° Soit encore proposé de calculer la longueur d'un arc de 25°15′, appartenant à une circonférence ayant $1^m,8$ de rayon.

$$\text{Diamètre} = 1^m,8 \times 2 = 3^m,6.$$
$$\text{Circonférence} = 3^m,6 \times 3,1416 = 11^m,31.$$

On sait que la circonférence vaut 360° ou 21 600′.

Réduisons 25° 15' en minutes ; nous obtenons 1515, et nous sommes ramené au problème suivant :

Un arc de 21600' a une longueur de 11$^m$,31

Un arc de 1' a une longueur de $\dfrac{11^m,31}{21600}$

Un arc de 1515' a une longueur de $\dfrac{11^m,31 \times 1515}{21600} = 7^m,79.$

**Devoir**. — Expliquer sur copie ce qu'on entend par le rapport de la circonférence au diamètre, et résoudre les problèmes suivants :

Problème I. — Le diamètre de la pièce de 5 fr. étant égal à 0$^m$,037, quelle est la longueur de sa circonférence ?

Problème II. — Un piéton qui fait 6 kilomètres à l'heure met 5 minutes pour faire le tour d'une pièce d'eau circulaire. 1° Combien fait-il de mètres par minute? 2° quelle est la circonférence de la pièce d'eau? 3° quel est le rayon ?

Problème III. — Sur une certaine circonférence, un arc de 12°35' a une longueur de 30 mètres. 1° Quelle est la longueur d'un arc d'une minute? 2° quelle est la longueur de la circonférence entière? 3° quel est le rayon?

## DESSIN

**Croquis**. — Diviser le cadre en 6 casiers égaux ; construire 2 grands carrés concentriques dans les 3 premiers casiers, puis les diagonales, les lignes de symétrie et enfin les ornements ; construire, dans le quatrième casier, un rectangle dont la longueur renferme 4 divisions égales et la largeur 3 divisions ; tracer les lignes de construction, puis les courbes, l'une en trait fin, l'autre en trait fort.

Tracer, dans le cinquième casier, une circonférence avec un triangle équilatéral inscrit en pointillé, puis 2 courbes parallèles, l'une en trait fin, l'autre en trait fort.

Dans le dernier casier, diviser le diamètre de la circonférence en 12 parties égales et prendre les points de division de deux en deux pour centres des demi-circonférences.

**Mise au net**. — Les droites seront d'abord tracées à la règle, puis les courbes à main levée. Il faudra soigner particulièrement les raccordements, de manière à avoir de la continuité et de la netteté dans les traits.

------------

## CLASSE DE SEPTIÈME
### GÉOMÉTRIE

**Leçon**. — Mêmes exercices que ceux qui ont été indiqués ci-dessus.

**Devoir**. — Ajouter au devoir précédent les deux formules suivantes :

$$C = d \times \pi = 2\,r \times \pi = 2\,\pi \times r,$$
$$d = \frac{C}{\pi},$$

dans lesquelles C désigne la longueur d'une circonférence, $d$ le diamètre, $r$ le rayon, et $\pi$ le nombre constant 3,1416.

### DESSIN

**Croquis**. — Construire à main levée les six exercices, en indiquant la position des centres des arcs au moyen de lignes en pointillé et en inscrivant toutes les cotes.

**Mise au net**. — Construire les six exercices en vraie grandeur, à l'aide du compas et de la règle.

Remarquer que les centres, dans la dernière figure, correspondent aux numéros de division impairs et que les rayons sont successivement égaux à 4, 8, 12 millimètres ; remarquer également, sur 2 figures, le *trait de force*, pour lequel on devra doubler l'écartement des lames du tire-ligne.

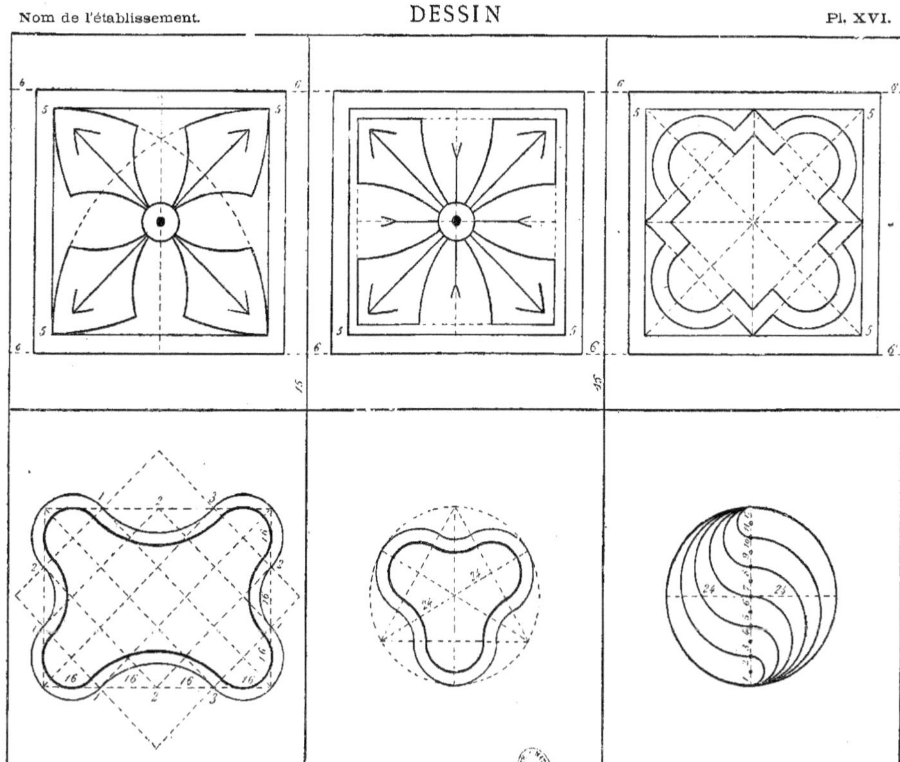

Janvier.          *Note et Visa du professeur.*          Nom de l'élève.

# PLANCHE XVII

## DESSIN

La planche XVII représente des figures en relief appelées *moulures*. On désigne ainsi toute saillie en pierre, en marbre, en bois, en plâtre ou en métal servant à la décoration des édifices, soit extérieurement, soit intérieurement.

Une moulure est *ornée* ou *lisse* selon qu'elle porte ou non des ornements sculptés.

L'arc de cercle est la courbe la plus employée. Cependant, dans la pratique, les architectes remplacent souvent l'arc par d'autres courbes qui donnent plus d'élégance aux constructions.

Sur la planche, nous avons placé un trait de force sur les *arêtes vives* qui portent ombre au-dessous d'elles-mêmes, en supposant que la lumière vînt de gauche à droite et en haut des moulures.

Nous n'avons point mis de trait de force dans les moulures courbes, convexes ou concaves, parce que nous supposons qu'elles ont la forme circulaire, c'est-à-dire qu'elles entourent un corps cylindrique, comme un *fût* de colonne, par exemple. Or, dans ce cas, elles n'ont point d'arête vive et ne doivent pas avoir de trait de force.

Les élèves de neuvième feront 8 figures seulement ; ceux de huitième, en feront 12, et ceux de septième, toute la planche.

**Croquis.** — Diviser le cadre en 8 casiers égaux, et chaque casier en 24 petits carrés, obtenus en menant des horizontales et des verticales pointillées ; construire les huit premières figures en suivant attentivement le modèle. Indiquer les traits de force.

Remarquer que l'épaisseur des *filets*, situés de chaque côté des autres moulures, ainsi que la saillie ou le retrait qu'ils forment, est égale au quart d'une division.

**Mise au net.** — Les pointillés seront construits au crayon, puis effacés quand la planche sera terminée. Le tracé des traits de force demandera des soins tout particuliers.

A. BOUGUERET.

## GÉOMÉTRIE

**Leçon.** — La définition et le tracé des moulures feront l'objet d'une leçon aussi intéressante qu'utile. Si le professeur peut se procurer ces moulures en bois pour les placer sous les yeux des élèves, il y aura double profit pour ceux-ci.

1<sup>re</sup> Fig. — *Larmier et 2 filets.* — Le larmier est une grande moulure plane, généralement située à la partie supérieure des édifices ; elle porte en dessous, et sur toute sa longueur, une rainure large et profonde, appelée *mouchette.* Cette rainure est indiquée sur la figure par des points ronds, parce qu'elle est invisible quand on se trouve placé en avant de la moulure. Elle a pour but d'arrêter les eaux pluviales et de les obliger à tomber par terre au lieu de glisser sur toute la façade.

On emploie d'autres moulures planes aussi larges que le larmier, mais très peu saillantes, que l'on appelle *plates-bandes* quand elles sont à une certaine hauteur, et *plinthes* quand elles se trouvent à la partie inférieure des édifices.

2<sup>e</sup> Fig. — *Congé et filet.* — Le congé est une moulure concave raccordant 2 faces planes, peu saillantes l'une sur l'autre. Ces deux surfaces planes sont ici un filet et une face verticale indéterminée de hauteur.

3<sup>e</sup> Fig. — *Gorge et 2 filets.* — La gorge est une moulure concave en forme de demi-cercle, placée généralement entre deux filets.

4<sup>e</sup> Fig. — *Quart de rond droit et 2 filets.* — Le quart de rond est une moulure convexe qui fait une saillie égale à son épaisseur.

5<sup>e</sup> Fig. — *Quart de rond renversé et 2 filets.*

6<sup>e</sup> Fig. — *Cavet droit et 2 filets.* — Le cavet est une moulure concave raccordant deux cylindres de diamètres différents. C'est l'inverse du quart de rond.

7<sup>e</sup> Fig. — *Cavet renversé et 2 filets.*

8<sup>e</sup> Fig. — *Talon droit et 2 filets.* — Le talon est une moulure *composée*, formée de deux arcs de cercle qui se raccordent, un convexe et un concave. Ces arcs tombent perpendiculairement sur 2 filets.

17

9ᵉ Fɪɢ. — *Talon renversé et 2 filets.*

10ᵉ Fɪɢ. — *Doucine renversée et 2 filets.* — La doucine est aussi une moulure composée, formée de deux quarts de cercle, un concave et un convexe ; mais elle diffère du talon en ce que ces arcs sont tangents aux filets au lieu d'être perpendiculaires, et que les centres sont situés sur une horizontale au lieu d'être sur une verticale.

11ᵉ Fɪɢ. — *Doucine droite et 2 filets.*

12ᵉ Fɪɢ. — *Scotie renversée et 2 filets.* — La scotie est une moulure concave, formée de deux quarts de cercle de rayons inégaux. L'un des rayons est double de l'autre.

13ᵉ Fɪɢ. — *Scotie droite et 2 filets.*

14ᵉ Fɪɢ. — *Tore, plate-bande et filet.* — Le tore est une moulure ayant la forme d'un demi-anneau qui enveloppe généralement le fût d'une colonne. Ici il est placé sur une plate-bande de forme carrée.

Lorsqu'on applique un demi-cylindre sur une surface plane, on a une *baguette.*

15ᵉ Fɪɢ. — *Doucines droites et filets.* — Nous avons dit que les moulures n'avaient pas nécessairement les formes simples que nous venons d'indiquer, et que les architectes remplaçaient souvent l'arc de cercle par une autre courbe. Les deux dernières figures sont des exemples de ces variations.

La 15ᵉ figure contient trois doucines droites, dont une, celle du milieu, est formée de deux quarts de cercle, et les deux autres de courbes faites à main levée.

La 16ᵉ figure contient une scotie d'une forme particulière, bien préférable pour l'élégance à celles que nous avons tracées précédemment. C' est une demi-ellipse, obtenue de la manière suivante :

On joint AB ; sur cette ligne comme diamètre, on décrit une demi-circonférence que l'on divise en parties égales, 8 par exemple ; on abaisse des perpendiculaires sur le diamètre par tous les points de division ; on trace ensuite des horizontales, sur lesquelles on porte des longueurs respectivement égales à ces perpendiculaires ; enfin on réunit à main levée les extrémités de ces horizontales.

**Devoir.** — Résoudre les problèmes suivants :

Pʀᴏʙʟᴇ̀ᴍᴇ I. — Une circonférence ayant 23ᶜᵐ de rayon a été divisée en 7 et en 13 parties égales. On demande la valeur de chaque arc en degrés, minutes et secondes, ainsi que la longueur en centimètres.

Pʀᴏʙʟᴇ̀ᴍᴇ II. — Calculer la longueur totale des arcs décrits dans le congé, la gorge, le talon et la doucine, en supposant le rayon égal à 8ᵐᵐ.

Pʀᴏʙʟᴇ̀ᴍᴇ III. — Une rainure circulaire ayant 75 centimètres de rayon est parcourue par une bille qui fait 1ᵐ,25 par seconde. 1° Quelle est la longueur de la rainure ; 2° combien la bille mettra-t-elle de secondes pour faire un tour ; 3° combien la bille fera-t-elle de tours en une heure en la supposant animée d'un mouvement continu et uniforme ?

## DESSIN

**Croquis.** — Diviser les grands côtés du cadre en 4 et les petits côtés en 3 parties égales, de manière à obtenir 12 grands carrés égaux ; décomposer chaque grand carré en 16 petits carrés ; tracer 12 moulures en suivant attentivement le modèle.

**Mise au net.** — Construire un cadre ayant 160ᵐᵐ de long sur 120ᵐᵐ de large ; décomposer ce cadre en 12 carrés ayant 40 millimètres de côté, et chacun de ceux-ci en 16 centimètres carrés ; tracer ensuite les droites à la règle et les arcs de cercle à main levée.

---

## CLASSE DE SEPTIÈME

## GÉOMÉTRIE

**Leçon.** — Tracé et définition des moulures.

**Devoir.** — Le devoir indiqué précédemment sera complété par un tableau des moulures à main levée.

## DESSIN

**Croquis.** — Diviser les grands côtés du cadre, d'abord en 5, puis en 25 parties égales, et les petits côtés en 4 et en 20 parties égales ; former le quadrillage en pointillé et tracer toutes les moulures.

**Mise au net.** — Décomposer le cadre en 25 × 20 = 500 centimètres carrés ; tracer les droites à la règle et les arcs au compas, en commençant par ces derniers.

Il convient de tracer tous les traits de même grosseur pendant la même séance, avec de l'encre de Chine nouvellement faite. On doit régler l'écartement des lames du tire-ligne et introduire l'encre avec un bout de papier, sans toucher à la vis de serrage.

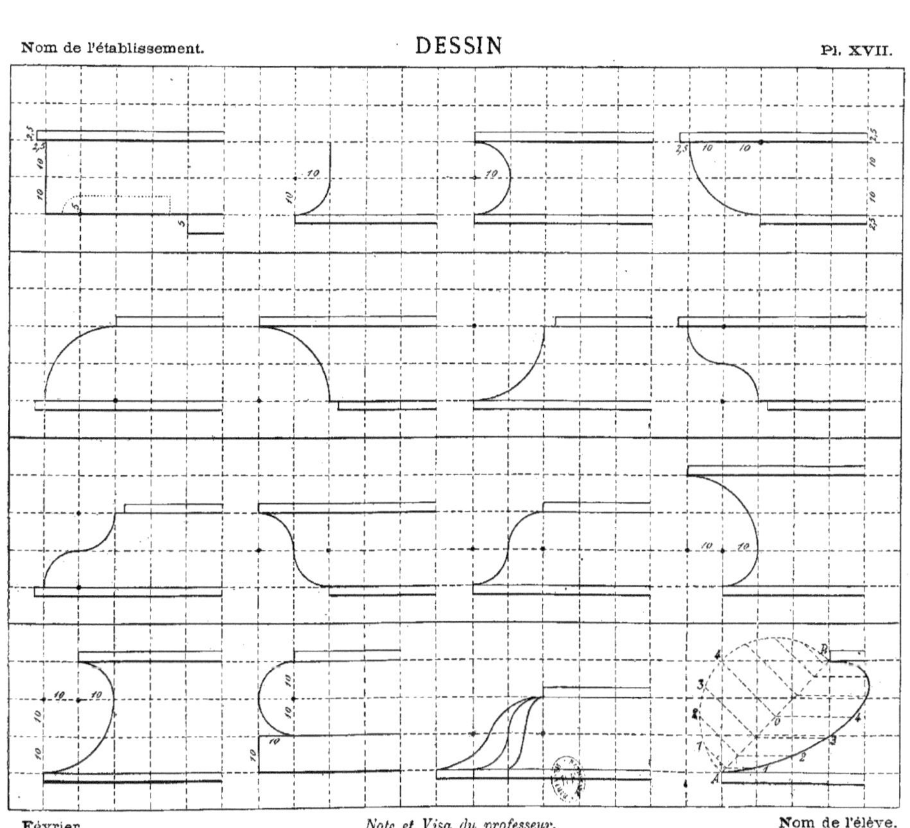



Février.  *Note et Visa du professeur.*  Nom de l'élève.

# PLANCHE XVIII

## CLASSE DE NEUVIÈME

### DESSIN

La planche XVIII renferme : 1° une série de courbes de forme variable, que les élèves des trois classes exécuteront entièrement à main levée ; 2° des rosaces entrelacées, planes, c'est-à-dire sans relief ; 3° deux polygones étoilés concentriques et un petit ornement séparé de ces polygones par un intervalle, supposé creux.

Les traits de force, dans la dernière figure, sont placés sur les arêtes vives en relief qui portent de l'ombre dans les parties en creux, en supposant que la lumière vienne à gauche et en haut du modèle.

Les élèves de neuvième feront les courbes et une seule rosace ; ceux de huitième et de septième feront toute la planche.

**Croquis.** — Diviser les grands côtés du cadre en 4 et les petits côtés en 2 parties égales ; former 8 casiers rectangulaires ; décomposer chaque casier en 15 petits carrés, en portant 5 divisions sur les longueurs et 3 divisions sur les largeurs ; construire ensuite toutes les courbes et une des petites rosaces circulaires.

**Mise au net.** — Suivre l'ordre du croquis.

Les élèves ne doivent pas perdre de vue qu'on ne leur demande pas de copier servilement les courbes, d'en faire le calque, en un mot ; ils doivent, avant tout, chercher à décrire des courbes régulières, passant par des points donnés.

D'une manière générale, pour tracer des courbes à main levée, il faut commencer par indiquer des points remarquables, tels que les extrémités, les points de tangence, les points d'intersection, puis chercher les formes par un pointillé au crayon en faisant toutes les corrections nécessaires.

Ce n'est que lorsque la forme d'une courbe est bien déterminée en pointillé que l'on doit la tracer en trait continu, d'abord au crayon, puis à l'encre.

Les premiers essais seront nécessairement très imparfaits, ce qui ne devra pas décourager les élèves, car, avec une attention soutenue, ils triompheront bien vite de toutes les difficultés. Quand ils sauront tracer convenablement les grandes courbes de la planche XVIII, ils pourront dessiner les ornements les plus variés.

A. BOUGUERET.

## CLASSE DE HUITIÈME

### GÉOMÉTRIE

**Leçon.** — Nous savons déjà calculer les surfaces du triangle et des différents quadrilatères ; il nous reste à chercher celles des polygones réguliers et du cercle. Quant aux polygones irréguliers, nous nous bornerons à dire qu'on peut les décomposer en triangles et en quadrilatères, de manière à être ramenés à des règles connues. Toute la difficulté, dans ce dernier cas, consiste à trouver la décomposition la plus rapide et la plus exacte. C'est dans le levé des plans, sur le terrain, que ce problème a surtout son utilité.

Si nous considérons la cinquième figure de la planche XIII, nous voyons un octogone régulier, qui se trouve décomposé, par des rayons, en 8 triangles isocèles égaux. Chacun de ces triangles a pour base un côté du polygone et pour hauteur une perpendiculaire qui serait abaissée du centre sur le milieu de ce côté. Cette hauteur, la même pour tous les triangles, est l'*apothème* du polygone régulier. Il résulte de là que la surface d'un de ces triangles est égale à la moitié du produit d'un côté de l'octogone par l'apothème, et que la surface totale est égale à la moitié du produit de tous les côtés par ce même apothème ; d'où la règle générale suivante :

*Pour avoir la surface d'un polygone régulier quelconque, on multiplie le contour ou périmètre par l'apothème et on prend la moitié du produit.*

Si nous supposons que le côté de l'octogone régulier soit égal à $16^{mm}$ et l'apothème à $20^{mm}$, le périmètre sera

$$16 \times 8 = 128^{mm}$$

et la surface

$$\frac{128 \times 20}{2} = 1280^{mmq} = 12^{cmq}, 80.$$

Si nous considérons maintenant la sixième figure de la même planche, nous voyons un carré inscrit et un carré circonscrit.

Le premier est décomposé en 2 triangles égaux ayant un diamètre du cercle pour base et un rayon pour hauteur ; le second a ce même diamètre pour côté.

18

La surface du carré inscrit est donc égale à **2** *fois le produit du diamètre par la moitié du rayon*, ou, ce qui revient au même, *au produit du diamètre par le rayon*.

La surface du carré circonscrit est égale *au produit du diamètre par lui-même*, c'est-à-dire *au carré du diamètre*.

Supposons que le diamètre soit égal à 43 centimètres, et le rayon à $21^{cm}, 5$ ; nous aurons pour les deux surfaces en question :

$$\text{Carré inscrit} = 43^{cm} \times 21^{cm}, 5 = 924^{cmq}, 50,$$
$$\text{Carré circonscrit} = 43 \times 43 = 1849^{cmq}.$$

On peut remarquer que la surface du carré circonscrit est précisément double de celle du carré inscrit. Il en sera toujours ainsi, quels que soient le rayon du cercle et la position qu'on fasse occuper à ces carrés.

Si nous considérons enfin la septième figure de la planche XIII, nous voyons que le triangle équilatéral pourrait être décomposé en 3 triangles égaux par des rayons joignant ses sommets, et que l'hexagone se trouverait lui-même décomposé en 6 triangles égaux : ce qui prouve que si l'on inscrit un hexagone régulier et un triangle équilatéral dans le même cercle, la surface du premier polygone est toujours double de celle du second, quelle que soit d'ailleurs la position qu'ils occupent l'un par rapport à l'autre.

**Devoir.** — Rapporter sur copie la règle pour le calcul de la surface des polygones réguliers et résoudre les problèmes suivants :

Problème I. — Calculer la surface d'un carré inscrit dans un cercle de $2^m,50$ de rayon ; en déduire la surface du carré circonscrit.

Problème II. — Calculer la surface d'un carré circonscrit à un cercle de $8^m,75$ de rayon ; en déduire la surface du carré inscrit.

Problème III. — Calculer la surface d'un hexagone régulier inscrit dans un cercle de $5^m,64$ de rayon, sachant que l'apothème est égal à $4^m,88$ ; en déduire la surface du triangle équilatéral inscrit.

## DESSIN

**Croquis.** — Diviser le cadre en 2 parties égales suivant la longueur ; former, dans la première moitié, 6 rectangles, et décomposer ces rectangles en $6 \times 4 = 24$ carrés, de manière à pouvoir construire 6 courbes ; former le quadrillage dans la deuxième moitié de la planche de la même manière que la première moitié ; tracer les rosaces, en commençant par la plus grande et, dans celle-ci, par le plus grand cercle ; enfin, tracer la dernière figure en commençant par les cercles circonscrits aux octogones étoilés.

**Mise au net.** — Construire un cadre de $16^{cm}$ de long sur 12 de large, et le décomposer en $16 \times 12 = 192$ centimètres carrés. Dans la première moitié, construire 6 courbes de $6^{cm}$ de hauteur, les unes avec $2^{cm}$, les autres avec $3^{cm}$ de largeur ; dans la deuxième moitié, construire, à main levée, les rosaces et les polygones étoilés, en suivant les indications du modèle.

------

## CLASSE DE SEPTIÈME

### GÉOMÉTRIE

**Leçon.** — Mêmes exercices que ceux qui ont été indiqués ci-dessus.

Remarque. — Dans le calcul de la surface des polygones réguliers, on ne peut pas donner, *à priori*, la longueur d'un côté et l'apothème, car il existe entre ces lignes et le rayon du cercle circonscrit des relations particulières pour chaque polygone. Ce n'est pas le lieu d'étudier quelques-unes de ces relations. Il faudra donc, dans les problèmes sur les polygones réguliers, se borner à mesurer les côtés et les apothèmes sur des figures exactes, et augmenter ou diminuer les longueurs obtenues dans la même proportion.

**Devoir.** — Ajouter à la règle et aux problèmes donnés la formule suivante :

$$S = \frac{p \times a}{2},$$

dans laquelle S désigne la surface d'un polygone régulier quelconque, $p$ le périmètre, $a$ l'apothème.

### DESSIN

**Croquis.** — Décomposer le cadre comme il a été dit pour la planche précédente et faire toutes les constructions à main levée.

**Mise au net.** — Former en pointillé, au crayon seulement, $25 \times 20 = 500$ centimètres carrés ; tracer les courbes à main levée, les rosaces et le polygone étoilé avec le compas et la règle.

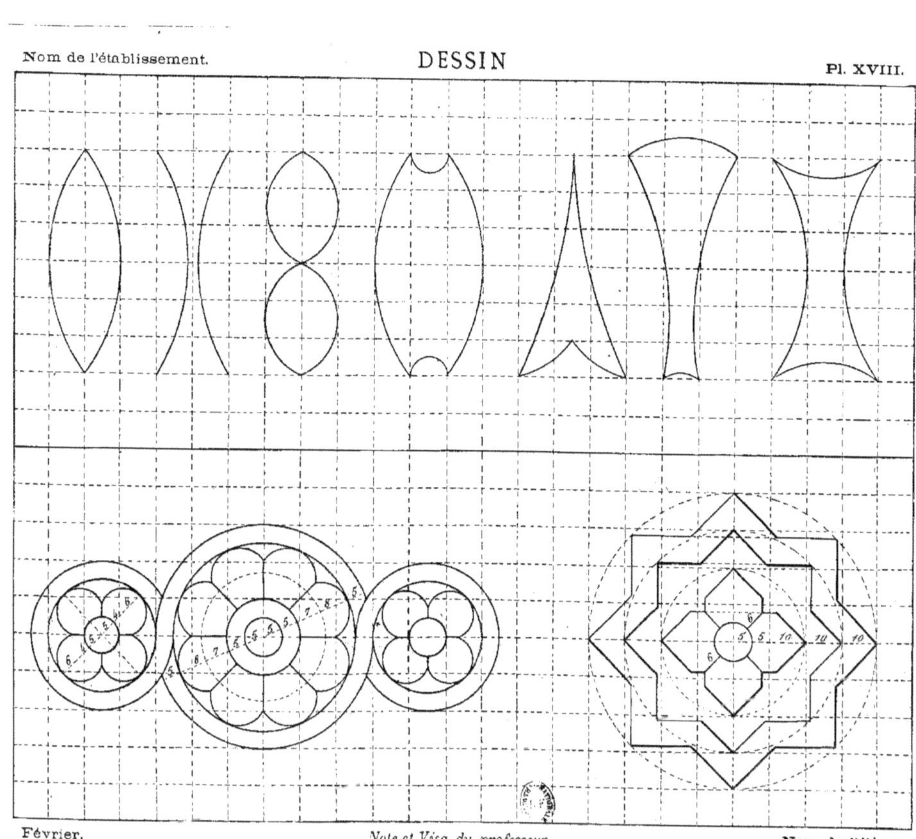

# PLANCHE XIX



## DESSIN

La planche XIX renferme des courbes géométriques qui sont fréquemment employées dans les arts et les constructions de toute nature. Elles offrent donc un intérêt tout particulier. Ce sont : l'*Ogive*, l'*Ove*, la *Spirale*, l'*Anse de panier*, l'*Ovale* et l'*Ellipse*.

L'ogive s'emploie principalement en architecture, dans le style *ogival* ou *gothique*, qui était si florissant au moyen âge. Les fenêtres, les portes et les voûtes de nos vieilles cathédrales offrent de nombreuses ogives, plus ou moins élancées.

L'ove et la spirale servent à la décoration des grilles en fer, des rampes d'escalier, etc. On les emploie aussi dans la céramique. Les ressorts des montres sont contournés en forme de spirale.

L'anse de panier est particulièrement employée pour former les *arcades* des ponts et le *cintre* des portes et des fenêtres.

L'ovale est employée pour la décoration des murs, des plafonds et des jardins.

L'ellipse est d'un usage si fréquent dans toutes les applications de la géométrie et du dessin qu'elle forme, avec deux autres courbes, la *parabole* et l'*hyperbole*, ce qu'on appelle les *courbes usuelles*.

Les élèves de neuvième et de huitième construiront toutes les courbes à main levée, après avoir tracé en pointillé les *axes* et les *lignes de symétrie*; ceux de septième se serviront du compas, sauf pour l'ellipse, qui ne pourra être faite qu'à main levée.

**Croquis.** — Diviser le cadre en 6 casiers, de manière que les 2 casiers du milieu soient un peu moins larges que les autres (il y a une différence de 20$^{mm}$).

1$^{re}$ Fig. — Indiquer en pointillé la largeur et la hauteur de l'ogive; tracer les 2 arcs et les 2 droites verticales.

2$^e$ Fig. — Construire un cercle en pointillé; prolonger le diamètre vertical de manière à déterminer la pointe de l'ove et tracer la courbe.

3$^e$ Fig. — Construire un petit carré et prolonger les quatre côtés dans le même sens, puis tracer des quarts de cercle qui se raccordent deux à deux, de manière que l'écartement entre les différentes parties de la courbe soit constamment le même.



4$^e$ Fig. — Indiquer la largeur et la hauteur de la courbe, et faire le tracé en imitant le mieux possible le modèle.

5$^e$ Fig. — Diviser la longueur de la courbe en 3 parties égales; sur la division du milieu, construire un losange et prolonger les côtés de longueurs égales, de manière à obtenir 4 points de la courbe.

6$^e$ Fig. — Mener 2 droites inégales, perpendiculaires l'une sur l'autre, se coupant mutuellement en 2 parties égales, et considérer ces droites comme des lignes de symétrie divisant la courbe en 4 parties égales.

**Mise au net.** — Suivre les indications du croquis.



## GÉOMÉTRIE

**Leçon.** — Après avoir calculé la surface des polygones réguliers, on arrive naturellement à celle du cercle.

Une série de cercles en carton avec des polygones réguliers inscrits, dont le nombre des côtés ira en augmentant, fera bien comprendre aux élèves que le cercle peut être considéré comme un polygone régulier ayant un très grand nombre de côtés. Le professeur rappellera que l'on a déjà dit (planche I) qu'une ligne courbe pouvait être divisée en un très grand nombre de parties sensiblement droites.

Si l'on considère les cinquième, sixième et septième figures de la planche XIII, ainsi que les premières de la planche XIV, on remarque que l'espace qui existe entre le contour du polygone et le cercle est d'autant plus petit que le nombre des côtés est plus grand, ce qui fait supposer que si le nombre des côtés augmente constamment, l'espace en question diminuera au point de devenir négligeable.

Il faut remarquer en même temps que l'apothème augmente au fur et à mesure que les côtés deviennent plus nombreux, et qu'il tend à devenir aussi grand que le rayon.

Nous pouvons conclure de là que le cercle est un polygone régulier ayant un nombre infini de côtés, dans lequel le périmètre devient la circonférence et l'apothème devient le rayon, d'où la règle suivante :

*La surface d'un cercle s'obtient en multipliant la longueur de la circonférence par le rayon et en prenant la moitié du produit.*

Soit proposé de calculer la surface d'un cercle dont le rayon est égal à $0^m,50$.

Le diamètre, qui vaut 2 rayons, est égal à
$$0^m,50 \times 2 = 1^m.$$

On sait que la circonférence est égale au diamètre multiplié par 3,1416. Dans le cas particulier qui nous occupe, cette circonférence aura $3^m,1416$ de longueur.

La surface demandée sera donc égale à
$$\frac{3^m,1416 \times 0.5}{2} = 0^{mq},7854.$$

Soit encore proposé de calculer la surface d'un cercle ayant $0^m,125$ de circonférence.
$$\text{Diamètre} = \frac{0^m,125}{3,1416} = 0^m,04.$$
$$\text{Rayon} = \frac{0^m,04}{2} = 0^m,02.$$
$$\text{Surface} = \frac{0^m,125 \times 0,02}{2} = 0^{mq},00^{dmq}\ 12^{cmq}\ 50^{mmq}.$$

**Devoir.** — Tracer, dans 2 cercles de même rayon, 2 polygones réguliers ayant un grand nombre de côtés, puis résoudre les problèmes suivants :

Problème I. — Quelle est la surface d'un cercle ayant $1^m,75$ de rayon ?

Problème II. — Quelle est, en millimètres carrés, la surface de la pièce de 1 franc, qui a 23 millimètres de diamètre ?

Problème III. — Quel serait le prix d'une table circulaire en marbre, ayant $0^m,90$ de diamètre, à raison de 40 francs le mètre carré ?

## DESSIN

**Croquis.** — Mêmes observations que précédemment.

**Mise au net.** — Construire les lignes pointillées à l'aide de la règle et de l'équerre ; réduire toutes les longueurs données sur le modèle de 1/3 ou 1/4 à l'aide du double-décimètre, puis tracer les courbes à main levée.

---

### CLASSE DE SEPTIÈME

### GÉOMÉTRIE

**Leçon.** — Surface du cercle. Nombreux exercices au tableau.

**Devoir.** — Ajouter aux problèmes donnés précédemment la formule de la surface du cercle,
$$S = \frac{C \times r}{2},$$
dans laquelle $C$ et $r$ désignent respectivement la circonférence et le rayon.

Cette formule peut être transformée en une autre plus fréquemment employée, dans laquelle la circonférence $C$ est remplacée par sa valeur $2\pi \times r$.

On obtient alors :
$$S = \frac{2\pi \times r \times r}{2} = \pi r \times r = \pi \times r^2, \quad .$$
ce qui signifie que *la surface d'un cercle s'obtient en multipliant $\pi$ par le rayon élevé au carré.*

## DESSIN

**Croquis.** — Faire à main levée toutes les constructions ; inscrire les dimensions en millimètres et indiquer la position des centres.'

**Mise au net.** — Construire la planche en vraie grandeur, à l'aide de tous les instruments nécessaires.

Le tracé de l'ogive, de l'ove, de la spirale et de l'ovale ne présente aucune difficulté. Seules l'anse de panier et l'ellipse demandent quelques mots d'explications.

*Anse de panier à 3 centres.* — Tracer l'horizontale AB égale à $70^{mm}$ ; au milieu, élever une perpendiculaire OC $= 27^{mm}$ ; joindre AC et BC ; porter sur ces deux lignes, à partir du point C, deux longueurs CE et CF, égales à la différence $35 - 27 = 8^{mm}$ ; élever des perpendiculaires au milieu de AE et de BF. Ces perpendiculaires rencontrent l'horizontale AB en deux points, et la verticale CO en un point : ce sont les 3 centres de la courbe.

*Ellipse avec la bande de papier.* — Faire les axes respectivement égaux à 70 et à $54^{mm}$ ; porter sur une bande de papier, et à partir du même point, les deux demi-axes, c'est-à-dire 35 et $27^{mm}$ ; faire mouvoir la différence, égale à $8^{mm}$, dans les 4 angles droits, de manière que le même point suive constamment l'horizontale AB et que l'autre suive la verticale CD. Dans chaque position de la bande de papier, l'origine des distances donne un point de la courbe.

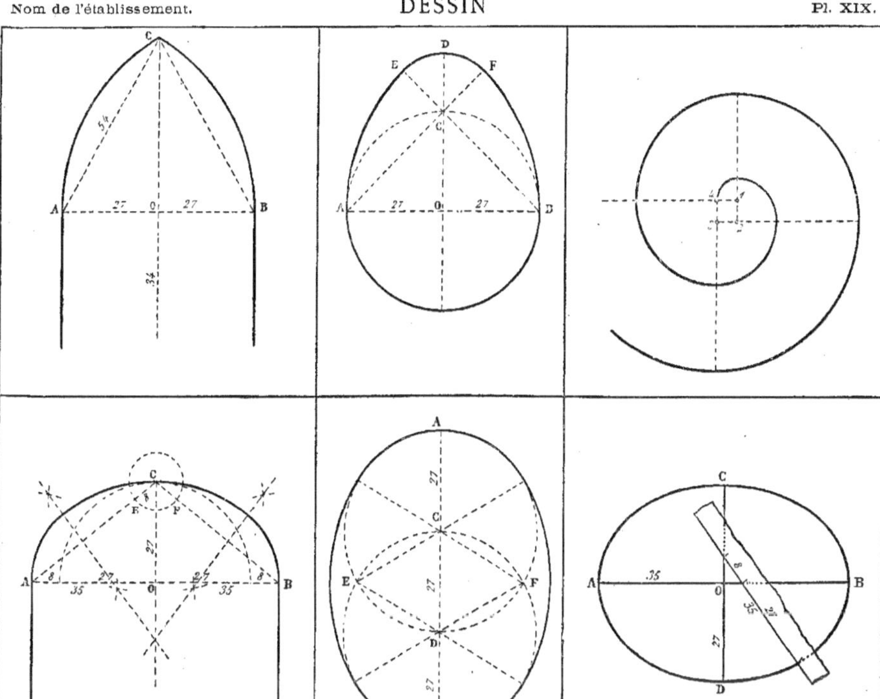
C
A 27 O 27 B
54
34
D
E F
A 27 O 27 D
C
C
A 35 O 35 B
F F
8 8
27 27 27
8 8
A
27
C
27
E F
D
27
B
C
A 35 O B
8
35 27
27
D

# PLANCHE XX



## DESSIN

La planche XX renferme des courbes qui peuvent trouver de nombreuses applications dans la décoration murale et dans les constructions en bois ou en fer. Ces courbes sont en même temps des exercices intéressants de symétrie par rapport à des droites horizontales et verticales ; à ce double point de vue, elles ont une grande utilité ; mais elles présentent des difficultés sérieuses d'exécution. Elles ne devront être construites qu'à main levée par tous les élèves.

Nous conseillons de défendre absolument l'emploi d'un instrument en bois, contourné d'une façon plus ou moins bizarre, et qu'on appelle *pistolet*.

La première série de courbes se compose d'arcs de cercle entrelacés, mais dont nous avons supprimé les centres pour bien indiquer qu'ils seront tracés à main levée ; la deuxième série est composée de 6 ellipses, ayant deux à deux un axe commun, soit l'horizontal, soit le vertical ; la troisième et la quatrième série forment des ornements particuliers appelés *palmettes*.

Les élèves de neuvième feront 2 exercices seulement, le premier et le troisième, par exemple ; ceux des autres classes feront toute la planche.

**Croquis.** — Diviser le cadre en 2 parties égales ; dans chaque moitié, construire un rectangle ayant la longueur égale à une fois et demie environ la largeur ; diviser les grands côtés de ces rectangles en 12 et les petits côtés en 8 parties égales ; former, dans chaque rectangle, $12 \times 8 = 96$ carrés ; indiquer les points de contact des courbes avec les grands rectangles, ainsi que certains points remarquables de ces courbes, tels que les extrémités et les intersections ; tracer les courbes, d'abord en pointillé, puis en trait continu.

**Mise au net.** — Suivre l'ordre du croquis pour la construction au crayon ; passer les courbes à l'encre avec des plumes fines et peu flexibles, de manière à obtenir un trait régulier ; enlever le quadrillage à la gomme.



## GÉOMÉTRIE

**Leçon.** — Nous revenons encore à la planche XIII, et nous allons



chercher différentes portions de la surface du cercle, limitées par des rayons, des cordes et des arcs.

Si nous considérons d'abord le secteur OKLM de la 4ᵉ figure, nous voyons qu'on pourrait le décomposer en un grand nombre de petits triangles ayant leur sommet au centre, leur base sur la circonférence et leur hauteur sensiblement égale au rayon. Or chaque petit triangle aurait pour surface le produit de sa base par la moitié du rayon, et la surface totale serait égale au produit de toutes les bases, c'est-à-dire de l'arc entier, par la moitié de ce rayon.

De ce qui précède, résulte la règle suivante :

*La surface d'un secteur s'obtient en multipliant la longueur de l'arc par le rayon et en prenant la moitié du produit.*

Soit proposé de calculer la surface d'un secteur ayant pour base un arc de $0^m,15$ dans un cercle de $0^m,08$ de rayon.

$$\text{Surface} = \frac{0,15 \times 0,08}{2} = 0^{mq},0060^{cmq}.$$

Soit encore proposé de calculer la surface d'un secteur ayant pour base un arc de 80° 15′ dans une circonférence de $2^m,4$ de rayon.

Cherchons d'abord la longueur de la circonférence, puis celle de l'arc donné.

$$\text{Diamètre} = 2,4 \times 2 = 4^m,8.$$
$$\text{Circonférence} = 4,8 \times 3,1416 = 15^m,08.$$

Mais la circonférence vaut 21600′, et l'arc donné 4815′.

$$\text{Un arc de } 21600' \text{ a } 15^m,08.$$
$$\text{Un arc de } 1' \quad \text{a } \frac{15^m,08}{21600}.$$
$$\text{Un arc de } 4815' \text{ a } \frac{15^m,08 \times 4815}{21600} = 3^m,36.$$
$$\text{Surface du secteur} = \frac{3,36 \times 2,4}{2} = 4^{mq},0320^{cmq}.$$

Si l'on veut maintenant calculer la surface du segment ACB, il suffit de remarquer que cette surface est la différence entre le secteur OACB et le triangle isocèle OAB.

Si l'on veut calculer la surface de la zone comprise entre les parallèles EF et GH, on voit que c'est la différence entre les deux segments GCH et ECF.

Enfin, si l'on veut calculer la surface comprise entre 2 cercles concentriques (20ᵉ figure), représentant une *couronne*, il suffit de retrancher la surface du petit cercle de celle du grand.

**Devoir**. — Rapporter sur copie 4 figures représentant un secteur, un segment, une zone et une couronne, avec les règles pour le calcul des surfaces. Ajouter la solution des problèmes suivants :

Problème I. — Quelle est la surface d'un secteur ayant pour base un arc de 18ᵐᵐ dans un cercle de 12ᵐᵐ de rayon ?

Problème II. — Un cercle ayant 0ᵐ,40 de rayon a été successivement divisé en 3, 4, 5, 6, 7, 8, 9 et 10 secteurs égaux. Quelle est la surface d'un secteur dans chaque cas ?

Problème III. — Quelle est la surface d'une couronne formée par 2 cercles concentriques ayant 0ᵐ,30 et 0ᵐ,40 de rayon ?

## DESSIN

**Croquis**. — Diviser le cadre en 4 casiers égaux ; dans chacun d'eux, opérer comme il a été dit plus haut.

**Mise au net**. — Tracer un cadre rectangulaire ayant 160ᵐᵐ de long sur 120ᵐᵐ de large ; le diviser en 4 casiers égaux, et, dans chaque casier, construire un rectangle ayant 60ᵐᵐ de long sur 40ᵐᵐ de large ; diviser les grands côtés des rectangles en 12 parties de 5ᵐᵐ et les petits côtés en 8 parties de 5ᵐᵐ ; former le quadrillage en pointillé à la règle, et tracer les courbes.

On passera successivement à l'encre le cadre avec ses grandes divisions, les rectangles, les courbes et les écritures extérieures au cadre. On fera disparaître le quadrillage.

## CLASSE DE SEPTIÈME
### GÉOMÉTRIE

**Leçon**. — Résoudre au tableau des problèmes numériques sur les surfaces étudiées plus haut. Faire voir, sur des figures, comment le cercle peut être considéré comme un polygone régulier d'un très grand nombre de côtés et comment un secteur peut être décomposé en triangles isocèles très petits.

**Devoir**. — Au devoir indiqué précédemment, ajouter le problème suivant :

Problème IV. — 2 secteurs appartenant à 2 cercles de 0ᵐ,75 et 1ᵐ,20 de rayon ont pour base, le premier un arc de 60°, le deuxième un arc de 45°. Quel est le plus grand des deux ?

## DESSIN

**Croquis**. — Suivre les indications données précédemment.

**Mise au net**. — Construire la planche et les courbes en vraie grandeur en mesurant exactement toutes les cotes qui sont inscrites sur le modèle et qui expriment des millimètres.

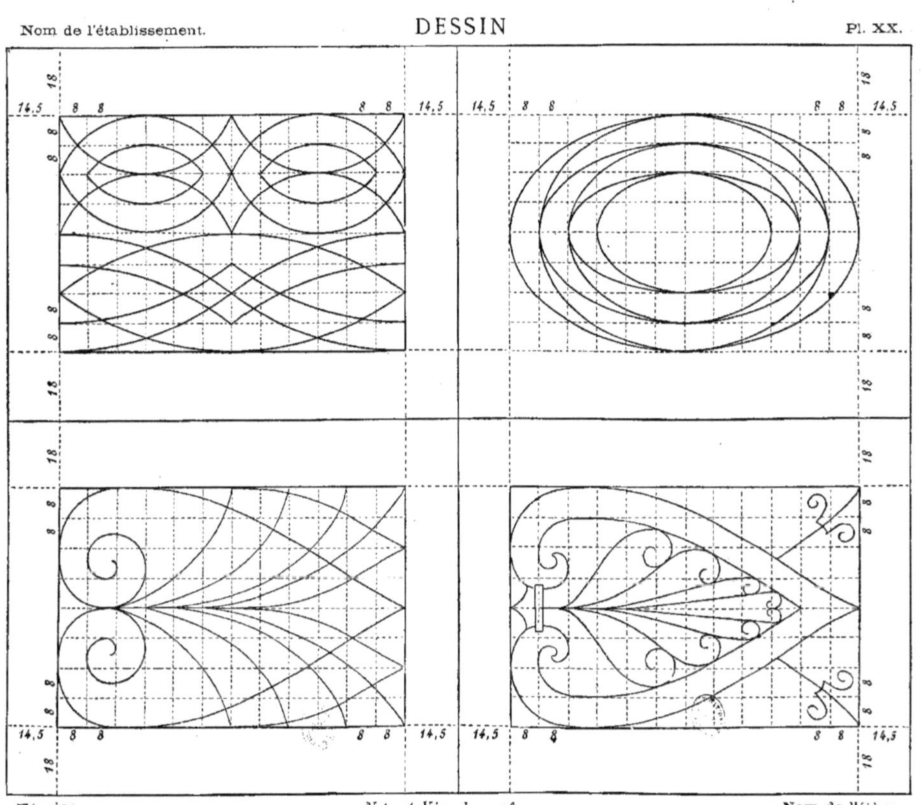

# PLANCHE XXI

## CLASSE DE NEUVIÈME

### DESSIN

La planche XXI renferme des ornements employés à peu près exclusivement en architecture pour décorer les moulures ordinaires. Ces ornements forment saillie ou relief sur une autre surface. Les 3ᵉ et 4ᵉ sont, en outre, limités par 2 plates-bandes également en relief.

Des traits de force ont été placés sur les arêtes saillantes qui portent ombre dans les creux, en supposant la lumière venant de haut en bas, de gauche à droite, avec une inclinaison de 45°.

En premier lieu, on a 2 filets circulaires entrelacés, un grand et un petit, avec un intervalle en creux de même largeur.

La seconde figure comprend : une palmette entière composée d'un filet à peu près circulaire et de 5 feuilles disposées symétriquement par rapport à une droite verticale; une demi-palmette, et, dans l'intervalle, un petit ornement formé de deux parties verticales symétriques.

Dans la troisième figure, des filets de faible largeur, séparés par des intervalles en creux, forment ce qu'on appelle des rais de cœur.

Enfin, la quatrième figure renferme des courbes ressemblant à peu près à des œufs et que, pour cela, on a appelées *oves*.

Il faut remarquer que, dans toutes ces courbes, le trait fin se change progressivement en trait fort, ou, inversement, le trait fort devient peu à peu un trait fin vers les points où *des droites inclinées à 45°, de gauche à droite, toucheraient les courbes.*

Ce changement dans la largeur du trait est une des grandes difficultés du dessin, que l'on emploie ou non le tire-ligne. Ce n'est que par des essais multipliés et une grande attention que les élèves arriveront à un résultat satisfaisant.

Les élèves de neuvième feront 2 exercices seulement, au choix du professeur; ceux des autres classes feront toute la planche.

**Croquis.** — Diviser le cadre en 2 casiers égaux et opérer comme il a été dit dans la planche précédente.

**Mise au net.** — Suivre l'ordre du croquis pour le tracé au crayon; passer à l'encre, en trait fin, toutes les courbes, et ajouter les traits de force en consultant le modèle.

A. BOUGUERET.

## CLASSE DE HUITIÈME

### GÉOMÉTRIE

**Leçon.** — Nous avons appris à calculer la surface des figures suivantes : carré, rectangle, parallélogramme, triangle, trapèze et cercle, au moyen de deux dimensions. Nous allons maintenant résoudre le problème inverse, c'est-à-dire déterminer une des dimensions, connaissant la surface et l'autre dimension.

CARRÉ. — Les deux dimensions du carré sont égales; par conséquent, le seul problème que l'on puisse avoir à résoudre consiste à calculer le côté d'un carré connaissant la surface.

Il est nécessaire, pour cela, de savoir *extraire une racine carrée,* ce qui n'entre point dans notre programme de cette année. Nous reviendrons donc plus tard sur cette question.

RECTANGLE. — La surface d'un rectangle étant un produit de deux facteurs, la longueur et la largeur, si l'on connaît ce produit et l'un des facteurs, on obtient l'autre facteur en divisant le produit par le facteur connu.

1° Soit proposé de calculer la largeur d'une salle rectangulaire qui a 35 mètres carrés de surface et 7 mètres de longueur.

$$\text{Largeur} = \frac{35}{7} = 5^{\mathrm{m}}.$$

2° Soit proposé de trouver la longueur d'une table rectangulaire qui a $1^{\mathrm{mq}},35$ de surface et $0^{\mathrm{m}},75$ de largeur.

$$\text{Longueur} = \frac{1,35}{0,75} = 1^{\mathrm{m}},80.$$

3° On a payé $22^{\mathrm{f}},44$ pour le clichage d'une gravure ayant 12 centimètres de longueur, à raison de $0^{\mathrm{f}},22$ le centimètre carré. Quelle est la largeur du cliché ?

Il faut d'abord chercher la surface du cliché en centimètres carrés, en divisant la dépense totale par la dépense pour un centimètre carré, puis calculer la largeur en divisant la surface par la longueur.

$$\text{Surface} = \frac{22,44}{0,22} = 102^{\mathrm{cmq}}.$$

$$\text{Largeur} = \frac{102}{12} = 8^{\mathrm{cm}},5.$$

21

Parallélogramme. — Nous savons que la surface du parallélogramme s'obtient, comme celle du rectangle, en multipliant la longueur par la largeur ou la base par la hauteur. Donc on opérera sur le parallélogramme comme sur le rectangle.

Soit proposé de calculer la hauteur d'un parallélogramme qui a 468 millimètres carrés de surface et 26 millimètres de longueur.

$$\text{Hauteur} = \frac{468}{26} = 18^{mm}.$$

Triangle. — On a vu que, pour avoir la surface d'un triangle, on prend la moitié du produit de la base par la hauteur. Il résulte de là que le produit de ces deux dimensions est égal au double de la surface. Donc, si l'on connaît la surface et la hauteur d'un triangle, on obtient la base en doublant la surface et en divisant par la hauteur.

Soit proposé de calculer la base d'un terrain triangulaire qui a 25 ares 85 centiares de surface et $65^m,4$ de hauteur.

$$\text{Double de la surface} = 2585^{mq} \times 2 = 5170^{mq}.$$
$$\text{Base} = \frac{5170}{65,4} = 79^m,05.$$

**Devoir**. — Rapporter sur copie les règles données dans la leçon et résoudre les problèmes suivants :

Problème I. — Un terrain à bâtir de forme rectangulaire ayant $45^m,60$ de long a coûté 19494 francs, à raison de 15 francs le mètre. 1° Quelle est la surface de ce terrain en mètres carrés ; 2° quelle en est la largeur?

Problème II. — On suppose que quatre tiges articulées, égales deux à deux, forment un parallélogramme ayant $75^{dmq}$ de surface, et que la distance entre les deux grandes est de $0^m,48$. 1° Quelle est la longueur de ces grandes tiges ; 2° que deviendrait la surface du parallélogramme si la distance en question devenait égale à $0^m,40$, à 0,10 ?

Problème III. — Un pré de forme triangulaire ayant $75^m,20$ de base a coûté $1564^f,16$, à raison de 80 francs l'are. 1° Quelle est la surface de ce terrain en mètres carrés ; 2° quelle en est la hauteur?

## DESSIN

**Croquis**. — Diviser le cadre en 4 casiers égaux ; dans chacun d'eux, construire successivement un grand rectangle quadrillé et un ornement, en observant attentivement le modèle.

**Mise au net**. — Tracer un cadre de 160 millimètres sur 120 ; diviser ce cadre en 4 casiers égaux de 80 sur 60 ; dans chaque casier, tracer un rectangle de 60 sur 40 ; diviser les longueurs des rectangles ainsi obtenus en 12 parties de $5^{mm}$, et les largeurs en 8 parties de $5^{mm}$ ; former le quadrillage au crayon seulement et à l'aide de la règle ; enfin, tracer les ornements, en observant attentivement le modèle pour le trait fin et le trait de force.

---

## CLASSE DE SEPTIÈME

### GÉOMÉTRIE

**Leçon**. — Exercices analogues à ceux qui ont été donnés aux élèves de huitième.

**Devoir**. — Au devoir déjà indiqué, ajouter les formules suivantes :

$$1° \ b = \frac{S}{h}, \qquad h = \frac{S}{b},$$

dans lesquelles $b$ désigne la base d'un rectangle ou d'un parallélogramme, $h$ la hauteur, S la surface.

$$2° \ b = \frac{2S}{h}, \qquad h = \frac{2S}{b},$$

dans lesquelles $b$ désigne la base d'un triangle, $h$ la hauteur, S la surface.

### DESSIN

**Croquis**. — Suivre l'ordre indiqué précédemment ; inscrire les titres et les cotes.

**Mise au net**. — Construire le cadre, les rectangles et le quadrillage d'après les cotes, à l'aide de la règle et de l'équerre ; copier le mieux possible les ornements, entièrement à main levée, et ajouter les titres en petits caractères romains de 2 millimètres de hauteur.

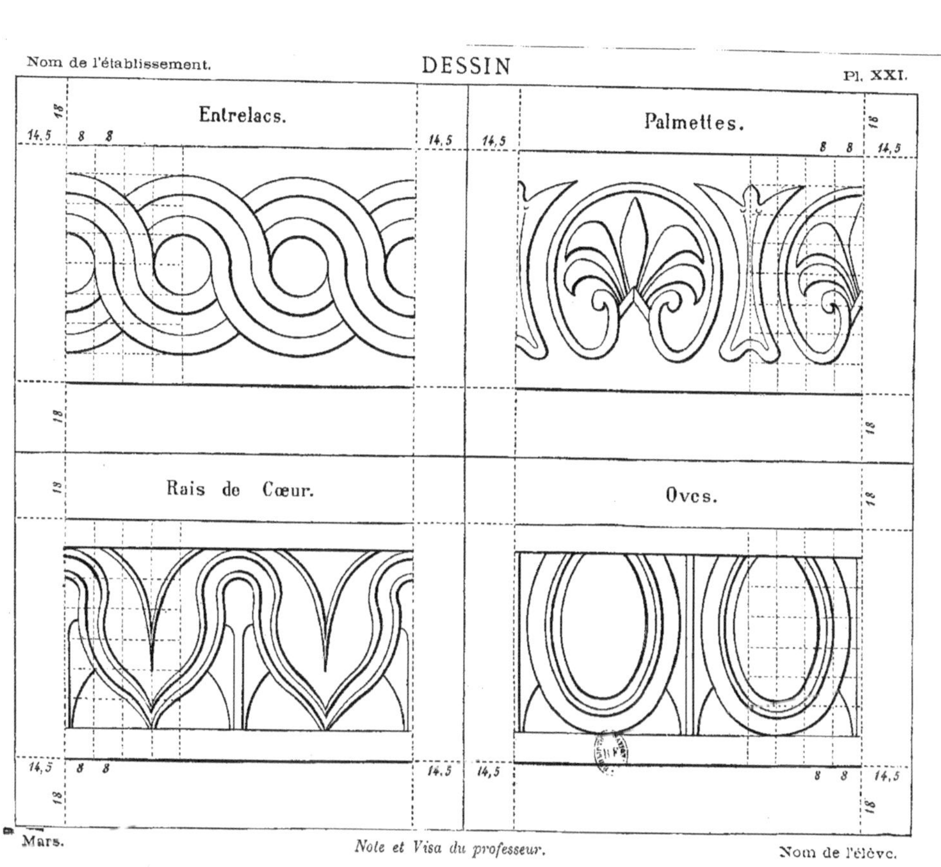



Mars.

*Note et Visa du professeur.*       Nom de l'élève.

# PLANCHE XXII

## CLASSE DE NEUVIÈME

### DESSIN

Les deux planches qui terminent la première partie du cours sont consacrées à l'imitation de quelques feuilles d'arbres ou d'arbrisseaux.

Dans la planche XXI, ces feuilles sont inscrites dans des polygones réguliers et se composent de 2 moitiés symétriques par rapport à une droite verticale. On peut dire que ce sont des *feuilles géométriques*, car on s'est occupé beaucoup plus de la symétrie que de la ressemblance exacte.

Dans la planche XXIII, au contraire, on a mis de côté la symétrie et l'on a cherché à imiter la nature.

Ces deux genres d'exercices se complètent mutuellement et sont aussi utiles l'un que l'autre. Nous pensons que les élèves en tireront grand profit.

Les élèves des trois classes élémentaires feront la planche entière.

**Croquis.** — Diviser le cadre en deux grands rectangles égaux ; tracer les diagonales des rectangles ; prendre les points de rencontre des diagonales comme centres de deux grands cercles, qui seront d'abord déterminés par plusieurs points, puis tracés à main levée ; diviser par tâtonnement les deux cercles en cinq parties égales ; tracer deux pentagones réguliers ; indiquer l'origine des *nervures principales*, qui se trouve au milieu de l'apothème des pentagones ; joindre ce point au milieu ou au tiers des côtés, en suivant les indications du modèle ; tracer les courbes pointillées qui donnent la forme *générique* des différentes parties des feuilles ; enfin, tracer les nervures principales, le *pédoncule*, les *nervures secondaires* et le contour des feuilles.

Remarquer que les nervures secondaires de la deuxième feuille sont implantées deux à deux aux mêmes points des nervures principales, tandis que celles de la première alternent.

Les traits de force sont toujours placés d'après l'hypothèse que la lumière vient de gauche à droite, en haut de la feuille, dans la direction d'une ligne à 45°.

**Mise au net.** — Suivre l'ordre du croquis pour le tracé au crayon et passer à l'encre seulement le cadre et les lignes qui appartiennent aux feuilles.

A. BOUGUERET.

## CLASSE DE HUITIÈME

### GÉOMÉTRIE

**Leçon.** — Suite des exercices sur la recherche d'une dimension d'une figure géométrique à deux dimensions.

TRAPÈZE. — Nous avons dit que la surface du trapèze s'obtient en additionnant les bases, en prenant la moitié de la somme obtenue et en multipliant par la hauteur.

Il résulte de cette règle que, si l'on multiplie la hauteur d'un trapèze par la somme des bases, au lieu de la demi-somme, on obtient deux fois la surface. Donc, si l'on connaît la surface et les bases d'un trapèze, on obtient la hauteur en doublant la surface et en divisant par la somme des bases.

Soit proposé de calculer la hauteur d'un trapèze qui a $112^{mq},70$ de surface, $12^m,40$ et $10^m,60$ de bases.

$$2 \text{ fois la surface} = 225^{mq},40.$$
$$\text{Somme des bases} = 12,4 + 10,6 = 23.$$
$$\text{Hauteur} = \frac{225,4}{23} = 9^m,80.$$

POLYGONES RÉGULIERS. — Il résulte de la règle donnée pour la surface des polygones réguliers que le produit du périmètre par l'apothème est égal au double de la surface. Donc, si l'on connaît la surface et l'apothème d'un polygone régulier, on obtient le périmètre en doublant la surface et en divisant par l'apothème.

Soit proposé de calculer le périmètre et le côté d'un octogone régulier qui a $180^{mq}$ de surface et $7^{mm},5$ d'apothème.

$$2 \text{ fois la surface} = 360^{mq}.$$
$$\text{Périmètre} = \frac{360}{7,5} = 48^{mm}.$$
$$\text{Longueur d'un côté} = \frac{48}{8} = 6^{mm}.$$

CERCLE. — Le nombre $\pi = 3,1416$ permet de calculer la longueur d'une circonférence, celle d'un diamètre ou la surface d'un cercle, connaissant une seule dimension.

22

Soit proposé de calculer le rayon et la surface d'un bassin circulaire qui a 38<sup>m</sup>,95 de contour.

$$\text{Diamètre} = \frac{38,95}{3,1416} = 12^m,4.$$

$$\text{Rayon} = \frac{12,4}{2} = 6^m,2.$$

$$\text{Surface du cercle} = \frac{38,95 \times 6,2}{2} = 120^{m1},74.$$

Nous avons vu qu'on peut encore calculer la surface d'un cercle en multipliant le nombre $\pi$ par le carré du rayon. Donc si l'on divise la surface d'un cercle par le nombre $\pi$, on obtient le carré du rayon. Mais pour calculer ensuite le rayon il faut savoir extraire une racine carrée, opération que nous étudierons plus tard.

**Devoir.** — Résoudre les problèmes suivants :

PROBLÈME I. — La surface d'un trapèze est égale à 144<sup>mq</sup>, la hauteur est 12<sup>m</sup>, et la grande base est double de la petite. Quelles sont ces deux bases ?

PROBLÈME II. — Un hexagone régulier est inscrit dans un cercle de 0,30 de rayon ; l'apothème est égal à 0,26 et le côté est égal au rayon. 1° Quelle est la surface du cercle ? 2° Quelle est la surface de l'hexagone ? 3° Quelle est la surface des segments compris entre le cercle et l'hexagone ? 4° Quelle est la surface de chaque segment ?

PROBLÈME III. — On veut établir un massif de fleurs de forme circulaire ayant 20 mètres de tour. 1° Quel rayon doit-on employer ? 2° Quelle sera la surface du massif ?

## DESSIN

**Croquis.** — Suivre les indications données précédemment.

**Mise au net.** — Tracer un cadre de 160 millimètres sur 120 et le diviser en deux rectangles égaux par une ligne verticale ; mener les diagonales des rectangles ; prendre le point de rencontre de ces diagonales comme centres de deux cercles ayant 35 millimètres de rayon ; déterminer plusieurs points des cercles avec le double-décimètre et tracer ces cercles à main levée ; construire ensuite les lignes pointillées et les lignes pleines, en observant attentivement le modèle.

CLASSE DE SEPTIÈME

## GÉOMÉTRIE

**Leçon**. — Exercices analogues à ceux qui ont été donnés aux élèves de huitième.

**Devoir.** — Au devoir déjà indiqué, ajouter les formules suivantes :

$$1° \quad h = \frac{2\,S}{B + b}, \quad B + b = \frac{2\,S}{h},$$

dans lesquelles $h$ désigne la hauteur d'un trapèze, S la surface, B et $b$ les deux bases.

$$2° \quad p = \frac{2\,S}{a}, \quad a = \frac{2\,S}{p},$$

dans lesquelles $p$ désigne le périmètre d'un polygone régulier quelconque, S la surface, $a$ l'apothème.

$$3° \quad r = \frac{C}{2\pi},$$

dans laquelle $r$ désigne le rayon d'un cercle quelconque, C la circonférence et $\pi$ le nombre constant 3,1416.

## DESSIN

**Croquis.** — Suivre l'ordre indiqué précédemment; inscrire les titres et les cotes.

**Mise au net.** — Construire le cadre et toutes les lignes de construction, avec les cotes données, en faisant usage du compas et de la règle. Imiter aussi exactement que possible la forme des feuilles.

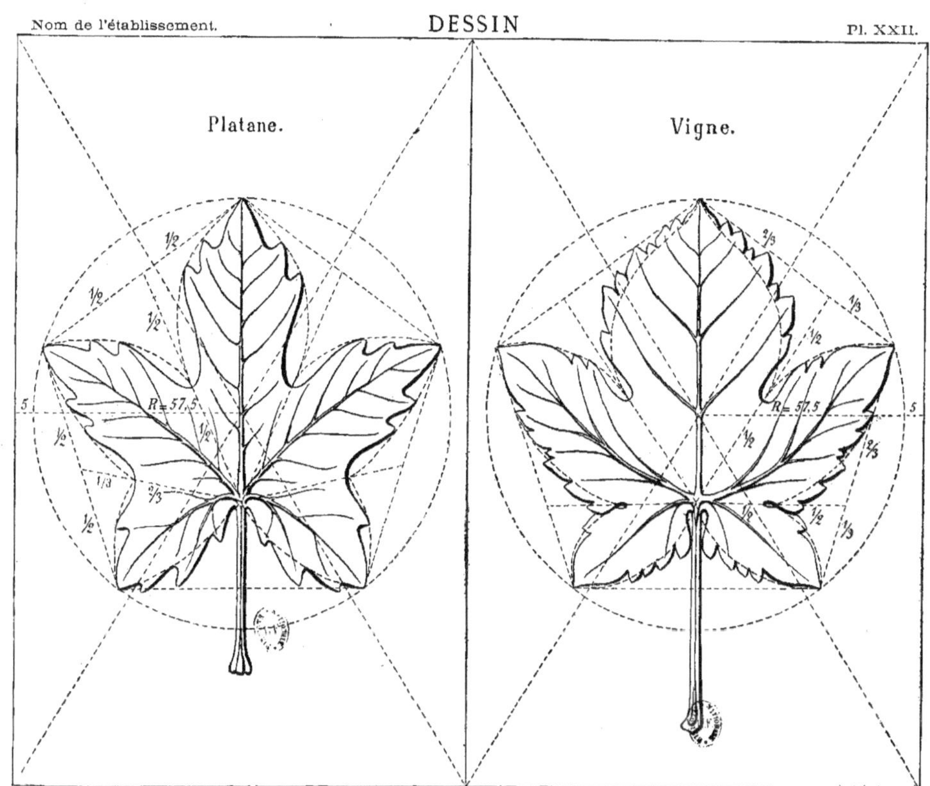
Platane.
Vigne.
½
½
½
½
½
R = 57,5
5
5
⅓
⅔
½
⅔
⅓
½
½
R = 57,5
½
⅓
½
⅔
½
⅓

# PLANCHE XXIII



## DESSIN

Il s'agit de représenter des formes irrégulières indépendamment des lois de la symétrie et sans s'imposer l'obligation de copier rigoureusement tous les détails, en donnant à chaque feuille à peu près la forme et la position indiquées par le modèle.

Les élèves de neuvième feront les figures 2, 3, 4 et 5 ; ceux de huitième et de septième feront toute la planche.

**Croquis.** — Diviser le cadre en casiers rectangulaires ; marquer, à vue, les points de contact des contours avec les côtés des rectangles ; tracer successivement les nervures principales et secondaires, la courbe générique ou l'enveloppe de chaque feuille, puis les détails des contours.

**Mise au net.** — Suivre l'ordre du croquis.

---



## GÉOMÉTRIE

Tableau synoptique du cours de Géométrie suivi pendant le 1er semestre.

Pl. I. — *Définitions.* — La géométrie apprend les propriétés des figures : ligne, surface, volume. Diverses lignes au point de vue de la forme : droite, brisée, courbe. Diverses lignes au point de vue de la direction : horizontale, verticale, oblique, parallèles, concourantes. Diverses lignes employées dans le dessin : continue, pointillée, mixte. Surfaces : plane, courbe, intérieure, extérieure. Volumes : géométrique, non géométrique.

Pl. II. — *Définitions.* — La géométrie se divise en deux parties : géométrie plane, géométrie dans l'espace. Dans chaque partie, on étudie des figures : égales, semblables, équivalentes. On emploie souvent les expressions suivantes : théorème, corollaire, problème, axiome. On emploie aussi différents signes : $+ - \times := > \sqrt{\ }$.

Problèmes numériques sur les longueurs.

A. DOUGUEDST.

Pl. III. — *Unités de longueurs et de surfaces.* — On mesure les longueurs avec le mètre, les multiples et les sous-multiples du mètre. On évalue les surfaces avec le mètre carré, les multiples et les sous-multiples du mètre carré. Le mètre de longueur vaut 10 décimètres. Le mètre de surface ou mètre carré vaut 100 décimètres carrés. Origine du mètre.

Problèmes numériques sur les mesures de longueurs et les mesures de surfaces.

Pl. IV. — *Applications.* — On peut faire les quatre opérations fondamentales de l'arithmétique avec des lignes aussi bien qu'avec des nombres. Évaluation des longueurs à vue. Comparaison entre les deux dimensions d'un rectangle. La surface d'un carré s'obtient en multipliant le côté par lui-même. La surface d'un rectangle s'obtient en multipliant la longueur par la largeur.

Problèmes numériques sur les surfaces du carré et du rectangle.

Pl. V. — *Applications.* — Tracé à vue de longueurs données en décimètres, centimètres, millimètres. Vérification. Évaluation à vue de petites surfaces carrées et rectangulaires : planchette, carton, etc. Vérification.

Problèmes numériques sur les longueurs.

Pl. VI. — *Applications.* — Tracé à vue de surfaces carrées et rectangulaires données en décimètres, centimètres et millimètres carrés. Vérification. Évaluation à vue de surfaces de moyenne grandeur : tableau, parquet, mur, etc. Vérification.

Problèmes numériques sur des surfaces carrées et rectangulaires.

Pl. VII. — *Les angles.* — Un angle est une grandeur variable. Angles égaux, adjacents. Bissectrice. Si une droite tourne en un point d'une autre droite, elle peut former trois espèces d'angles : droit, aigu, obtus. La somme des angles situés d'un même côté d'une droite, est égale à 2 droits. La somme des angles situés autour d'un point est égale à 4 droits. Droites perpendiculaires. Angles complémentaires. Angles supplémentaires. Désignation des angles en degrés, minutes, secondes.

Pl. VIII. — *Les triangles.* — Après la figure de 2 côtés vient la figure de 3 côtés, appelée triangle. Divers triangles : scalène, équilatéral, isocèle, rectangle, obtusangle, acutangle. Divers groupes de 3 lignes relatives aux triangles : hauteurs, bissectrices, médianes, perpendiculaires au milieu des côtés.

Pl. IX. — *Le rapporteur.* — Description du rapporteur. Usages du rapporteur pour divers problèmes : mesurer un angle ; transporter un angle ; construire en un point d'une droite un angle donné par 2 droites ou par sa valeur en degrés.

Problèmes numériques sur la construction des angles.

Pl. X. — *Les polygones.* — Le carré, le rectangle et le triangle, déjà étudiés, sont des polygones particuliers. Viennent ensuite : le parallélogramme, le losange, le trapèze, le pentagone, l'hexagone, etc. Les polygones peuvent être : convexes, concaves, réguliers, irréguliers, égaux, semblables, équivalents. La surface d'un parallélogramme s'obtient comme celle d'un rectangle. La surface d'un triangle est égale à la moitié de celle d'un parallélogramme ayant même base et même hauteur. La surface d'un trapèze est égale à celle d'un rectangle de même hauteur et qui aurait pour base la moyenne des deux bases du trapèze.

Pl. XI. — *Les nombres complexes.* — Pour apprécier *sous quel angle* on voit une ligne de l'espace, on ferme un œil et l'on suppose que 2 droites partent de l'œil resté ouvert pour joindre les extrémités de la droite. Addition et soustraction des nombres complexes.

Problèmes numériques.

Pl. XII. — *Les nombres complexes.* — Multiplication et division des nombres complexes dans les cas simples.

Problèmes numériques.

Pl. XIII. — *La circonférence.* — La circonférence est une ligne. Le cercle est la surface contenue dans la circonférence. Plusieurs lignes ou surfaces se rattachent au cercle : diamètre, rayon, arc, corde, flèche, sécante et tangente ; segment, zone et secteur ; polygone inscrit, polygone circonscrit et polygone étoilé.

Problèmes numériques sur la division de la circonférence en degrés, minutes et secondes.

Pl. XIV. — *La circonférence.* — Un angle peut occuper diverses positions par rapport à la circonférence : angle au centre, angle inscrit, angle formé par une tangente et une corde, angle intérieur ou extérieur.

Mesure de l'angle dans chaque cas. Problèmes numériques.

Pl. XV. — *La circonférence.* — Deux circonférences peuvent occuper 6 positions différentes : extérieures, sécantes, tangentes extérieurement, tangentes intérieurement, excentriques, concentriques. Suite de la division des nombres complexes. Cas où le quotient est lui-même complexe.

Problèmes numériques sur les nombres complexes.

Pl. XVI. — *Le nombre π.* — Toute circonférence, grande ou petite, contient son diamètre le même nombre de fois. Ce nombre constant a été trouvé égal à 3,1416 ; il est désigné par la lettre *p* grecque, que l'on écrit π et que l'on appelle *pi* ($\pi = 3,1416$).

Problèmes numériques sur la circonférence.

Pl. XVII. — *Applications.* — Tracé et définition des principales moulures employées en architecture.

Problèmes numériques sur la circonférence.

Pl. XVIII. — *Les polygones réguliers.* — La surface d'un polygone régulier s'obtient en multipliant le périmètre par la moitié de l'apothème. Le carré circonscrit à un cercle est double du carré inscrit dans le même cercle. L'hexagone régulier inscrit dans un cercle est double du triangle équilatéral inscrit dans le même cercle.

Problèmes numériques sur quelques polygones réguliers.

Pl. XIX. — *Le cercle.* — On peut considérer un cercle comme un polygone régulier ayant un très grand nombre de côtés. La surface du cercle s'obtient en multipliant la circonférence par la moitié du rayon.

Problèmes numériques sur le cercle.

Pl. XX. — *Le cercle.* — Un secteur peut être considéré comme formé d'un grand nombre de petits triangles ayant le centre pour sommet commun et le rayon pour hauteur. La surface d'un secteur s'obtient en multipliant la longueur de l'arc par la moitié du rayon. La surface d'un segment est égale à la différence entre la surface d'un secteur et celle d'un triangle isocèle. La surface d'une zone est égale à la différence entre les surfaces de 2 segments. La surface d'une couronne est égale à la différence entre les surfaces de 2 cercles concentriques.

Problèmes numériques.

Pl. XXI. — *Applications.* — Connaissant la surface et une dimension d'un rectangle, on peut trouver l'autre dimension en divisant la surface par la dimension connue. Même règle pour le parallélogramme. Connaissant la surface et une dimension d'un triangle, on peut trouver l'autre dimension en doublant la surface et en divisant par la dimension connue.

Problèmes numériques.

Pl. XXII. — *Applications.* — Connaissant la surface et les bases d'un trapèze, on peut trouver la hauteur en divisant la surface par la demi-somme des bases. Connaissant la surface et l'apothème d'un polygone régulier, on peut trouver le périmètre en doublant la surface et en divisant par l'apothème.

Problèmes numériques.

Pl. XXIII. — Résumé des notions de géométrie plane.

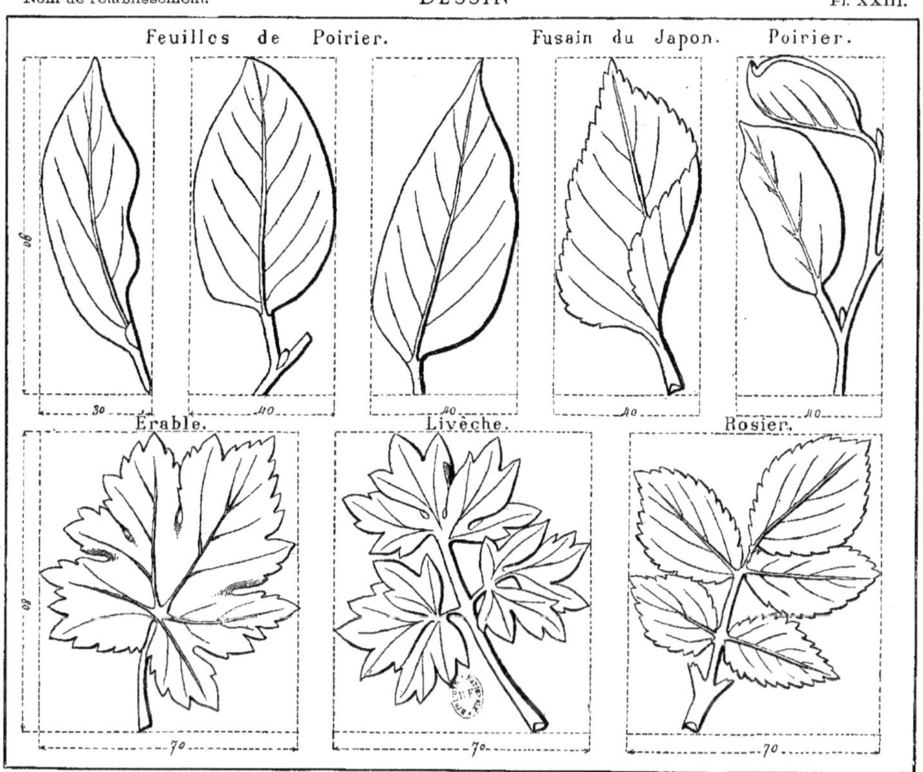
Feuilles    de    Poirier.
Fusain  du  Japon.
Poirier.
Érable.
Livèche.
Rosier.
30
40
40
40
40
70
70
70